Elektronik in der Praxis

Die ELEKTRONIK der BAUELEMENTE und ihrer SCHALTUNGEN hat sich zu einer Elektronik spezialisierter SYSTEME und ihrer Anwendungen erweitert. So ist sie wichtiger Bestandteil aller Gebiete der Elektrotechnik wie: Kommunikationstechnik, Energietechnik, Meßtechnik, Automatisierungstechnik. Die vielfältige, schnell voranschreitende Technik der Bauelemente, Schaltungen und Systeme bietet dem Anwender immer neue Möglichkeiten. Sie zu nutzen wird nur jenen Fachleuten gelingen, die außer den Grundlagen ihres Faches stets die neue ELEKTRONIK IN DER PRAXIS beherrschen.

Unter diesem Leitgedanken führen unsere Autoren den Leser anschaulich und übersichtlich – wo möglich mit geringem mathematischen Aufwand – an die PRAXIS heran. Sie wollen es Fachleuten der Elektro- und Maschinentechnik, der Physik, Medizin und Verhaltensforschung wie dem Studenten ermöglichen, ELEKTRONIK IN DER PRAXIS kennenzulernen.

Formelsammlung für die elektronische Schaltungstechnik

von
Ulrich Dietmeier

10., korrigierte Auflage

Mit 314 Bildern und 26 Tabellen

Oldenbourg Verlag München Wien

Bibliografische Information der Deutschen Bibliothek

Die Deutsche Bibliothek verzeichnet diese Publikation in der Deutschen
Nationalbibliografie; detaillierte bibliografische Daten sind im Internet
über <http://dnb.d-nb.de> abrufbar.

1. Nachdruck 2013

© 2003 Oldenbourg Wissenschaftsverlag GmbH
Rosenheimer Straße 143, D-81671 München
Telefon: (089) 45051-0,
www.oldenbourg-verlag.de

Lektorat: Sabine Krüger
Herstellung: Rainer Hartl
Umschlagkonzeption: Kraxenberger Kommunikationshaus, München
Gedruckt auf säure- und chlorfreiem Papier
Gesamtherstellung: Books on Demand GmbH, Norderstedt

ISBN   3-486-27358-2
ISBN   978-3-486-27358-8
eISBN 978-3-486-59487-4

Inhaltsverzeichnis

Vorwort zur 1. Auflage

Die Formelsammlung soll sowohl dem Auszubildenden wie dem Schaltungs-
entwickler schnell und übersichtlich helfen, ein elektrotechnisches Problem
mathematisch anzugehen und zu lösen. Sie enthält die in der Praxis meist-
gebrauchten Bauteile, Schaltungen und Formeln der Gebiete: Elektrotechnik, Nachrichtentechnik, Informatik und Elektronik. In der Regel wird nur
ein Ausdruck einer bestimmten Formel angegeben, weil ohne weiteres zu
erwarten ist, daß auch ein Auszubildender nach kurzer Zeit Formeln sicher
umstellen kann. Der Gewinn ist offensichtlich: Die Formelsammlung bleibt
übersichtlich; der Lernende wird gezwungen das Umstellen von Formeln zu
üben.

In der zeichnerischen wie formelmäßigen Darstellung wurden für gleiche
Sachverhalte unter Berücksichtigung der einschlägigen Normen auch diesel-
ben Bezeichnungen gewählt (z.B.: Betriebspannung U_S, obwohl auch andere
wie U_{Batt}, U_B, U_N, U_{DD}, V_{DD}, usw. üblich sind). Es war mir ein besonderes
Anliegen die Materie möglichst einfach, übersichtlich und praktikabel dar-
zustellen. Deshalb wurden − wo möglich − auch technisch-mathematische
Vereinfachungen vorgenommen.

Durchwegs sind Grundeinheiten angegeben, die bekanntlich noch mit Vorsatzzeichen zur dekadischen Vergrößerung oder Verkleinerung versehen werden können. In jedem Abschnitt werden die Legenden nur im Hauptabschnitt
aufgeführt.

Mein besonderer Dank gilt Herrn Prof. Dr. Ing. Gottwald für wertvolle Anregungen.

Rastatt im März 1979 und im September 1980   *Ulrich Dietmeier*

Vorwort zur 8., 9. und 10. Auflage

Seit der Erstauflage im Jahre 1979 waren in regelmäßiger Folge Neuauflagen in unveränderter Form erschienen. Aus dem Leserkreis kamen immer wieder Anregungen, noch weitere Bauteile und deren Schaltungen in die Formelsammlung aufzunehmen. In dieser Auflage sind infolgedessen Halbleiter zur Leistungssteuerung und deren wichtigste Schaltungen, sowie eine Anzahl spezieller elektronischer Bauteile neu aufgenommen worden. Die Digitaltechnik wurde durch wesentliche Schaltungen ergänzt; die Regelungstechnik ist überarbeitet und durch praktikable elektronische Schaltungen vervollständigt worden.

Auf komplexere Schaltungen wurde nach wie vor verzichtet, um das bewährte Konzept beizubehalten. Das Buch soll dem Auszubildenden und dem Praktiker helfen, die Elektronik und deren typische Schaltungen kennen- und verstehenzulernen. Dazu sind klare Vorstellungen von den Spannungs- und Stromverhältnissen im Stromkreis; sowie Kenntnisse über dessen Beschreibung durch Symbole und Vereinbarungen unerläßlich.

Das Buch enthält vorwiegend Schaltungen die sich relativ einfach entwerfen, berechnen und nachbauen lassen. Dies scheint mir didaktisch sinnvoller zu sein, als ein Sammelsurium möglichst vieler – oft auch aufwendiger oder mathematisch bzw. theoretisch sehr anspruchsvoller – Schaltungen anzubieten. Wer über das Dargestellte hinaus weiter arbeiten will oder muß, wird ohnehin entsprechende Literatur verwenden. Erfolgserlebnisse zu haben, Freude und Selbstsicherheit durch den Umgang mit relativ einfach zu realisierenden Schaltungen zu bekommen, erscheint mir sachdienlicher.

Dem Verlagslektor und dem Verlag danke ich für die langjährige gute Zusammenarbeit bei der Realisierung des Buches.

Rastatt   *Ulrich Dietmeier*

1. Nützliche Rechenregeln

1.1 Zahlen mit Hilfe von 10er-Potenzen anschreiben

Beispiel: $25\,000 = 25 \cdot 10^3$
$0,025 = 25 \cdot 10^{-3}$

1.2 10er-Potenzen mit Exponenten von 3, 6, 9, 12 bevorzugen, weil für diese auch Vorsatzzeichen vorhanden sind.

Beispiel: $10^{\pm 3}$, $10^{\pm 6}$, $10^{\pm 9}$, $10^{\pm 12}$

1.3 Brüche mit einem oder mehreren Faktoren im Zähler und Nenner mit Hilfe von 10er-Potenzen so verwandeln, daß der Zähler möglichst größer als der Nenner wird, und die Zahlenwerte trotzdem möglichst klein sind.

Beispiel: $x = \dfrac{0,0123 \cdot 4500 \cdot 6,72}{321 \cdot 0,04} = \dfrac{12,3 \cdot 10^{-3} \cdot 4,5 \cdot 10^3 \cdot 6,72}{0,321 \cdot 10^3 \cdot 40 \cdot 10^{-3}}$

1.4 Nie mit 6,28 sondern immer mit $2 \cdot \pi$ rechnen, weil π als Konstante auf dem Rechenschieber oder im Rechner vorhanden ist und man oft mit 2 vervielfachen oder teilen kann.

1.5 Am Schluß der Rechnung immer einen Überschlag machen (auch beim Rechner). Möglichst geschickt auf- bzw. abrunden, damit der Fehler klein wird.

Beispiel: $x = \dfrac{0,84 \cdot 325 \cdot \pi}{69 \cdot 0,009} \approx \dfrac{1 \cdot 300 \cdot 3}{60 \cdot 10 \cdot 10^{-3}} = 1,5 \cdot 10^3$

2. Zählpfeilsystem

2.1 Stromzählpfeil

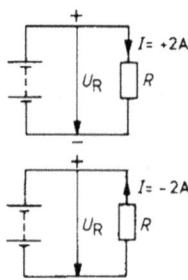

In einer Schaltung ist der Stromzählpfeil frei wählbar. Der Zahlenwert des Stromes erhält ein positives Vorzeichen, wenn der Zählpfeil in dieselbe Richtung zeigt, in der positive Ladungsträger transportiert werden (Technische Stromrichtung).

Fließt der Strom seinem Zählpfeil entgegen, erhält der Zahlenwert ein negatives Vorzeichen.

Durch das Vorzeichen wird ausgedrückt, ob der Strom in die Richtung des Stromzählpfeiles fließt (+), oder umgekehrt ($-$).

2.2 Spannungszählpfeil

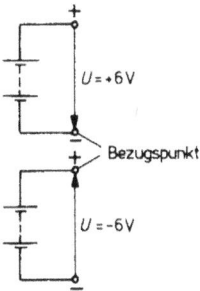

Dieser ist wie der Stromzählpfeil in seiner Richtung frei wählbar. Er zeigt mit seiner Spitze auf den Bezugspunkt, gegen den die Polarität der betreffenden Spannung gesehen werden muß. Zeigt er vom positiveren zum negativeren Potential, so erhält der Zahlenwert der Spannung ein positives Vorzeichen.

Zeigt er vom negativeren zum positiveren Potential, so erhält der Zahlenwert ein negatives Vorzeichen.

Durch die Vorzeichen wird ausgedrückt, ob die Spannung an der betrachteten Stelle gegenüber dem Bezugspunkt positiv oder negativ ist.

Wird die Spannung mit einem Doppelindex versehen (z.B.: in der Transistortechnik U_{CE}), so bedeutet das, daß der Spannungszählpfeil (gebundener Zählpfeil) von dem mit dem ersten Index bezeichneten Anschluß zu dem mit dem zweiten Index bezeichneten weist. Dieser ist dann Bezugspunkt.

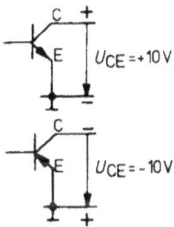

2.3 Masse — Nullpotential

Bezieht man das Potential gegen Masse oder Null, so kann der Nullindex weggelassen werden.

2.4 Erzeuger — Verbraucher

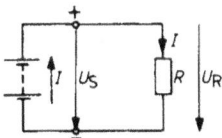

Der Verbraucher nimmt Leistung auf; Spannungs- und Stromzählpfeil haben dieselbe Richtung.

Der Erzeuger gibt Leistung ab; Zählpfeile sind entgegengesetzt gerichtet.

3. Periodische Spannungen und Ströme

3.1 Sinusförmige Wechselspannung

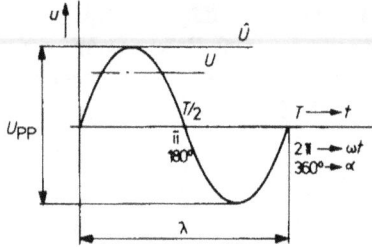

$$U = \frac{\hat{U}}{\sqrt{2}} = \frac{U_{PP}}{2\sqrt{2}}$$

$$\lambda = \frac{c}{f}$$

$$f = \frac{1}{T}$$

$$S = \sqrt{2}$$

$$F = \frac{\pi}{2\sqrt{2}} = 1,11$$

$$u = \hat{U} \cdot \sin(\omega t \pm \varphi)$$

$$u = \hat{U} \cdot \sin \alpha$$

Komplexe Darstellung

$$\underline{\hat{U}} = \hat{U} \cdot e^{\pm j\varphi}$$

$$\underline{u}_t = \underline{\hat{U}} \cdot e^{j\omega t} = \hat{U} \cdot e^{\pm j\varphi} \cdot e^{j\omega t}$$

$$\underline{U} = U \cdot e^{\pm j\varphi} = \frac{\underline{\hat{U}}}{\sqrt{2}}$$

U_{PP} = Doppelte Spitzenspannung (Schwingungsbreite) in V

$\hat{U}$ = $\hat{u}$ = Spitzenspannung (Scheitelwert) in V

U = Effektivwert in V

λ = Wellenlänge in m

f = Frequenz in Hz

ω = $2\pi f$ = Kreisfrequenz in s^{-1}

T = Periodendauer in s

c = Ausbreitungsgeschwindigkeit in $m\,s^{-1}$

c $\approx 300 \cdot 10^6$ $m\,s^{-1}$

S = Scheitelfaktor s. 3.8

F = Formfaktor s. 3.8

u = Augenblickswert der Wechselspannung in V

φ = Nullphasenwinkel in Grad

α = Winkel des Zeigers $\hat{U}$ in Grad

$\underline{\hat{U}}$ = Komplexe Amplitude in V

$\underline{u}_t$ = Komplexer Augenblickswert in V

$\underline{U}$ = Komplexer Effektivwert in V

Komplexe Rechnung s. 4.5.4 und 10.4.8.

3.2 Effektivwerte phasenangeschnittener sinusförmiger Wechselgrößen

3.2.1 Phasenanschnitt

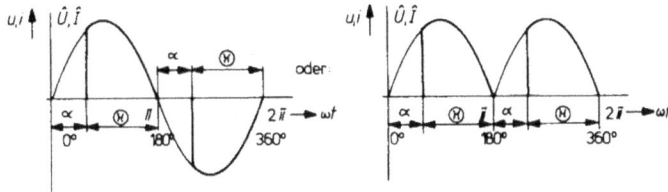

3.2.2 Phasenabschnitt

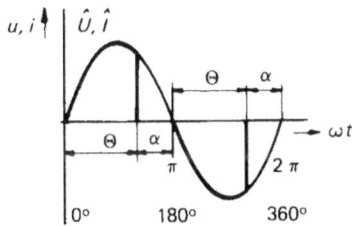

$$U' = \frac{\hat{U}}{\sqrt{2}\,\pi} \cdot \sqrt{\pi - \hat{\alpha} + \frac{\sin 2\alpha}{2}}$$

$$I' = \frac{\hat{I}}{\sqrt{2}\,\pi} \cdot \sqrt{\pi - \hat{\alpha} + \frac{\sin 2\alpha}{2}}$$

$$P' = U' \cdot I'$$

α = Phasenanschnittwinkel in Grad
$0° \leq \alpha° \leq 180°$

$\hat{\alpha}$ = Phasenanschnittwinkel in rad (Bogenmaß)

Θ = Stromflußwinkel in Grad (= Dauer des Stromflusses, gemessen in Winkelgraden)

n = Normierung in %

U', I', P' = Effektivwerte der phasenangeschnittenen Größe

U, I, P = Effektivwerte der nicht-angeschnittenen Größe

3.2.3 Sektor

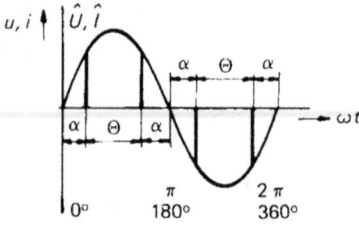

$$0° \leq \alpha° \leq 90°$$

$$U' = \frac{\hat{U}}{\sqrt{2\pi}} \sqrt{\pi - 2\hat{\alpha} + \sin 2\alpha}$$

$$I' = \frac{\hat{I}}{\sqrt{2\pi}} \sqrt{\pi - 2\hat{\alpha} + \sin 2\alpha}$$

3.2.4 Steuerkennlinien von Wechselstromstellern

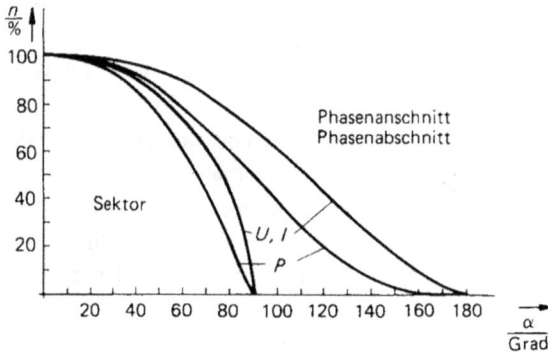

$$n = \frac{U'}{U} = \frac{I'}{I} = \frac{P'}{P}$$

3.3 Effektivwerte periodischer sinusförmiger Schwingungspakete

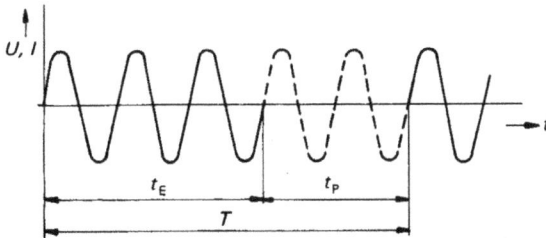

$$P' = P_T \frac{t_E}{T} = \frac{U^2}{R_L} \cdot \frac{t_E}{T}$$

$$U' = U \cdot \sqrt{\frac{t_E}{T}}$$

$$I' = \frac{U}{R_L} \cdot \sqrt{\frac{t_E}{T}}$$

t_E = Einschaltdauer in s

t_P = Pausendauer in s

T = Schaltperiodendauer in s

P' = Schaltleistung am Lastwiderstand R_L in W

P_T = Maximalleistung am Lastwiderstand R_L in W

U' = Schaltspannung in V

U = Netzspannung in V

I' = geschalteter Strom in A

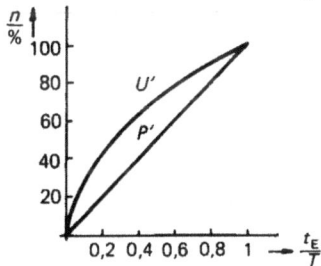

$$n = \frac{U'}{U} = \frac{P'}{P_T}$$

3.4 Zweiweg-Gleichrichtung

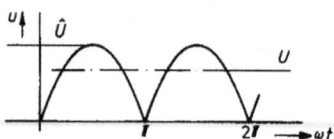

$$U = \frac{\hat{U}}{\sqrt{2}}$$

$$S = \sqrt{2}$$

$$F = \frac{\pi}{2\sqrt{2}} = 1{,}11$$

Fourier-Gleichung

$$u = \hat{U} \cdot \frac{2}{\pi}\left(1 + \frac{2}{1 \cdot 3} \cdot \cos 2 \cdot \omega t - \frac{2}{3 \cdot 5} \cdot \cos 4 \cdot \omega t + \frac{2}{5 \cdot 7} \cdot \cos 6 \cdot \omega t - + - \ldots\right)$$

3.5 Einweg-Gleichrichtung

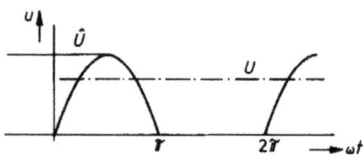

$$U = \frac{\hat{U}}{2}$$

$$S = 2$$

$$F = \frac{\pi}{\sqrt{2}} = 2{,}22$$

Fourier-Gleichung

$$u = \hat{U} \cdot \frac{1}{\pi}\left(1 + \frac{\pi}{2} \cdot \cos \omega t + \frac{2}{1 \cdot 3} \cdot \cos 2 \cdot \omega t - \frac{2}{3 \cdot 5} \cdot \cos 4 \cdot \omega t + - + \ldots\right)$$

3.6 Dreieckschwingung

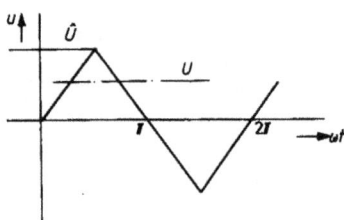

$$U = \frac{\hat{U}}{\sqrt{3}}$$

$$S = \sqrt{3}$$

$$F = \frac{2}{\sqrt{3}} = 1{,}155$$

Fourier-Gleichung

$$u = \hat{U} \cdot \frac{8}{\pi^2}\left(\sin \omega t - \frac{1}{3^2} \cdot \sin 3 \cdot \omega t + \frac{1}{5^2} \cdot \sin 5 \cdot \omega t - + - \ldots\right)$$

3.7 Sägezahnschwingung

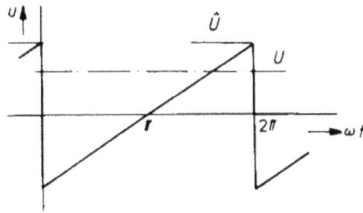

$$U = \frac{\hat{U}}{\sqrt{3}}$$

$$S = \sqrt{3}$$

$$F = \frac{2}{\sqrt{3}} = 1,155$$

Fourier-Gleichung

$$u = -\hat{U} \cdot \frac{2}{\pi} \left(\sin \omega t + \frac{\sin 2 \cdot \omega t}{2} + \frac{\sin 3 \cdot \omega t}{3} + \ldots \right)$$

3.8 Rechteck-Wechselspannungen, Pulse

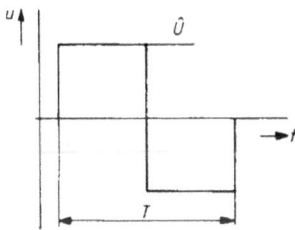

$$\hat{U} = U$$

$$f = \frac{1}{T}$$

$$S = 1$$

$$F = 1$$

Fourier-Gleichung

$$u = \hat{U} \cdot \frac{4}{\pi} \left(\sin \omega t + \frac{1}{3} \sin 3 \cdot \omega t + \frac{1}{5} \sin 5 \cdot \omega t + \ldots \right)$$

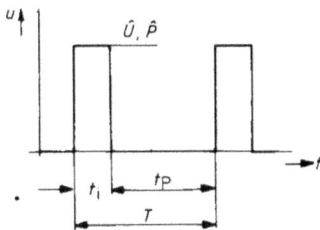

$$v = \frac{T}{t_i} = \frac{1}{g}$$

$$g = \frac{t_i}{T}$$

$$U = \hat{U} \cdot \sqrt{\frac{t_i}{T}}$$

$$P = \hat{P} \cdot \frac{t_i}{T}$$

v = Tastverhältnis

g = Tastgrad

t_i = Impulsdauer in s

t_P = Pausendauer in s

P = Effektivwert der Impulsleistung in W

$\hat{P}$ = Spitzenwert der Impulsleistung in W

3.9 Scheitelfaktor, Formfaktor, Welligkeit

$$S = \frac{\text{Maximalwert}}{\text{Effektivwert}}$$

$$F = \frac{\text{Effektivwert}}{\text{arithmetischer Mittelwert}}$$

$$s_w = \frac{\text{Effektivwert der Brummspannung*}}{\text{arithmetischen Mittelwert}}$$

3.10 Arithmetischer Mittelwert (Gleichrichtwert) sinusförmiger Wechselspannungen

$$\overline{|u|} = \frac{2}{\pi} \cdot \hat{U} = 0{,}637 \cdot \hat{U}$$

$$\overline{|i|} = \frac{2}{\pi} \cdot \hat{I} = 0{,}637 \cdot \hat{I}$$

3.11 Bezeichnung der Impulszeiten

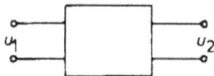

u_1 = Eingangsspannung am Vierpol in V

u_2 = Ausgangsspannung am Vierpol in V

---

* Brummspannung s. 5.2.

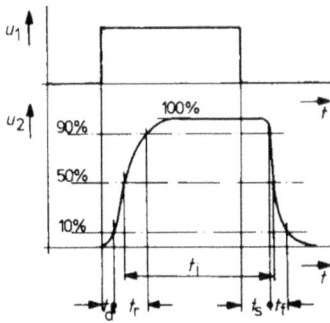

t_d = Verzögerungszeit in s

t_r = Anstiegszeit in s

t_s = Speicherzeit in s

t_f = Abfallzeit in s

t_i = Impulsdauer in s

Maximale Impulsfrequenz (für $t_i \approx t_p$)

$$f_{max} \leqslant \frac{0,3}{t_r}$$

f_{max} = Maximale Impulsfrequenz in Hz

$$t_r \leqslant \frac{0,3}{f_{max}}$$

für $t_i \approx 2\,t_r$ wird:

$$f_{max} \leqslant \frac{0,6}{t_i}$$

4. Grundgesetze der Elektrotechnik

4.1 Widerstände und deren Schaltungen

4.1.1 Ohm'sches Gesetz

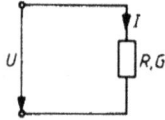

U = Spannung in V

I = Strom in A

R = Widerstand in Ω

G = Leitwert in S

$$I = \frac{U}{R} = U \cdot G$$

$$R = \frac{1}{G}$$

4.1.2 Drahtwiderstand

$$R = \frac{l}{\kappa \cdot A} = \frac{\rho \cdot l}{A}$$

$$\rho = \frac{1}{\kappa}$$

$\kappa_{Cu} = 56 \qquad \rho_{Cu} = 0,0178$

$\kappa_{Ag} = 62 \qquad \rho_{Ag} = 0,0161$

$\kappa_{Al} = 33 \qquad \rho_{Al} = 0,0303$

$\kappa_{Fe} = 7,7 \qquad \rho_{Fe} = 0,13$

l = Drahtlänge in m

A = Drahtquerschnitt in mm^2

κ = Elektr. Leitfähigkeit in S·m·mm^{-2}

ρ = Spez. elektr. Widerstand in Ω·mm^2·m^{-1}

Cu → Kupfer

Ag → Silber

Al → Aluminium

Fe → Eisen

4.1.3 Stromdichte

$$S = \frac{I}{A}$$

S = Stromdichte in A mm^{-2}

I = Strom in A

A = Drahtquerschnitt in mm^2

4.1.4 Widerstandsänderung bei Erwärmung

$R_\vartheta = R(1 + \alpha \, \Delta\vartheta)$

$R = \dfrac{R_\vartheta}{1 + \alpha \, \Delta\vartheta}$

$\Delta\vartheta = \dfrac{R_\vartheta - R}{\alpha \cdot R}$

$\alpha = \dfrac{R_\vartheta - R}{\Delta\vartheta \cdot R}$

$\Delta R = R \cdot \alpha \cdot \Delta\vartheta$

$\alpha_{Cu} = 3,9 \cdot 10^{-3}$

$\alpha_{Al} = 3,8 \cdot 10^{-3}$

$\alpha_{Fe} = 4,6 \cdot 10^{-3}$

$\alpha_{Konstantan} = 0,01 \cdot 10^{-3}$

R = Widerstandswert bei 20 °C in Ω

R_ϑ = Widerstandswert bei ϑ °C in Ω

$\Delta\vartheta = \vartheta - 20° =$ Temperaturänderung in K

α = Temperaturkoeffizient in K^{-1}

ΔR = Widerstandsänderung in Ω

4.1.5 Reihenschaltung von Widerständen

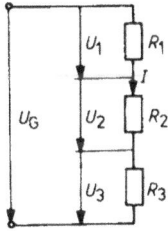

R_G = Gesamtwiderstand in Ω

$R_1 \dots R_n$ = Teilwiderstände in Ω

U_G = Gesamtspannung in V

$U_1 \dots U_n$ = Teilspannungen in V

n = Anzahl der Widerstände R

$R_G = R_1 + R_2 + R_3 + \dots$

Bei n-gleichen Widerständen:

$R_G = n \cdot R$

$U_G = U_1 + U_2 + U_3 + \dots$

$I = \dfrac{U_G}{R_G} = \dfrac{U_1}{R_1} = \dfrac{U_2}{R_2} = \dots = konstant$

$\dfrac{U_1}{U_2} = \dfrac{R_1}{R_2}$

4.1.6 Spannungsteiler

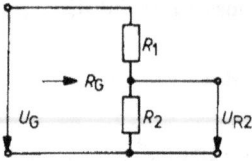

$$\frac{U_{R2}}{U_G} = \frac{R_2}{R_G}$$

$$U_{R2} = U_G \frac{R_2}{R_1 + R_2}$$

4.1.7 Parallelschaltung von Widerständen

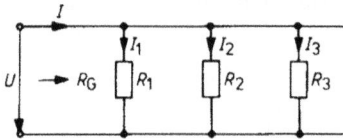

G = Leitwert in S

$$\frac{1}{R_G} = \frac{1}{R_1} + \frac{1}{R_2} + \frac{1}{R_3} + \dots \ , \quad \text{oder:} \quad G_G = G_1 + G_2 + G_3 + \dots$$

Bei zwei Widerständen:

$$R_G = \frac{R_1 \cdot R_2}{R_1 + R_2} \ \rightarrow \ R_1 = \frac{R_2 \cdot R_G}{R_2 - R_G}, \quad \text{oder:} \quad R_2 = \frac{R_1 \cdot R_G}{R_1 - R_G}$$

Bei n-gleichen Widerständen:

$$R_G = \frac{R}{n}$$

$$I = I_1 + I_2 + I_3 + \dots$$

$$U = I \cdot R_G = I_1 \cdot R_1 = I_2 \cdot R_2 = \dots$$

$$\frac{I_1}{I_2} = \frac{R_2}{R_1}$$

4.1.8 Kirchhoff'sche Gesetze

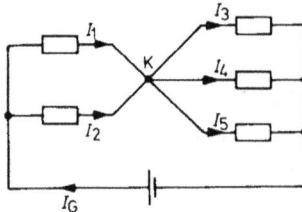

Für den Knotenpunkt K gilt:

$$\sum I_{zu} = \sum I_{ab}$$

$$I_1 + I_2 = I_3 + I_4 + I_5$$

$$I_1 + I_2 - I_3 - I_4 - I_5 = 0$$

1. Kirchhoff'sches Gesetz:
Die Summe aller Ströme in einem Knotenpunkt ist gleich Null

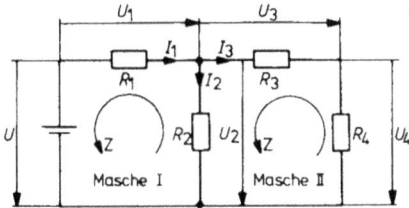

Masche I   Masche II

$U - U_1 - U_2 = 0$,   oder: $U_2 - U_3 - U_4 = 0$,   oder:

$U - I_1 \cdot R_1 - I_2 \cdot R_2 = 0$ $I_2 \cdot R_2 - I_3 \cdot R_3 - I_3 \cdot R_4 = 0$

2. Kirchhoff'sches Gesetz:
Die Summe aller Spannungen ist in jedem Stromkreis gleich Null.

Zum Aufstellen der Maschengleichungen nimmt man eine beliebige Zähl-
richtung Z an. Alle Spannungen und Ströme, deren Zählpfeile in dieser
Richtung verlaufen, erhalten positives, alle entgegengesetzt verlaufenden
Zählpfeile erhalten negatives Vorzeichen.

Hat der berechnete Zahlenwert eines Stromes oder einer Spannung ein negatives Vorzeichen, so ist die wahre Richtung dem Zählpfeil entgegengesetzt.

4.1.9 Elektrische Leistung, Elektrische Arbeit

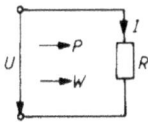

P = Elektr. Leistung in W

U = Spannung in V

I = Strom in A .

W = Elektr. Arbeit in Ws

t = Zeit in s

$P = U \cdot I$

$P = \dfrac{U^2}{R} \rightarrow U = \sqrt{P \cdot R}$

$P = I^2 \cdot R \rightarrow I = \sqrt{\dfrac{P}{R}}$

$W = P \cdot t = U \cdot I \cdot t$

4.1.10 Wirkungsgrad

$P_{ab} = P_{zu} - P_v$

$\eta = \dfrac{P_{ab}}{P_{zu}}$

P_{ab} = abgegebene Leistung (Nutz-
leistung) in W

P_{zu} = zugeführte Leistung in W

P_v = Verlustleistung in W

η = Wirkungsgrad (stets < 1)

4.1.11 Belastete Spannungsquelle, Anpassung

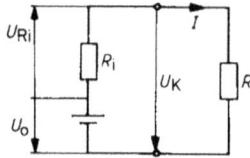

U_0 = Leerlaufspannung in V

U_{Ri} = Spannungsabfall am Innenwiderstand
der Spannungsquelle in V

U_K = Klemmenspannung = Spannungsabfall
am Lastwiderstand in V

$U_0 = U_{Ri} + U_K$

$U_0 = I \cdot R_i + I \cdot R$

$I = \dfrac{U_0}{R_i + R}$

$\dfrac{U_K}{U_{Ri}} = \dfrac{R}{R_i}$, oder: $\dfrac{U_K}{U_0} = \dfrac{R}{R_i + R}$

Anpassung

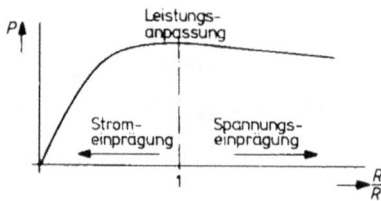

$R < R_i$ $R = R_i$ $R > R_i$

$I = \dfrac{U_K}{R}$

$P = U_K \cdot I = \dfrac{U_K^2}{R}$

Wenn $R = R_i$ ist, wird maximale Leistung an den Lastwiderstand R abge-
geben.

Dann ist:

$$U_K = \frac{U_0}{2} = U_{Ri}$$

$$P = P_{max} = \frac{\left(\frac{U_0}{2}\right)^2}{R} = \frac{U_0^2}{4R}$$

P = an den Lastwiderstand abgegebene Leistung in W

4.2 Elektrisches Feld

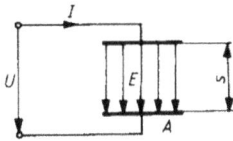

E = Elektr. Feldstärke in $V\,m^{-1}$

U = El. Spannung in V

s = Abstand in m

A = Plattenfläche in m^2

$$E = \frac{U}{s}$$

4.2.1 Kapazität von Plattenkondensatoren

$$C = \epsilon_0 \cdot \epsilon_r \cdot \frac{A}{s}$$

Mehrplattenkondensatoren

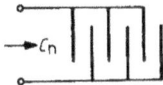

$$C_n = C\,(n-1)$$

C = Kapazität in F = $\dfrac{As}{V}$

ϵ_0 = Feldkonstante = $8,85 \cdot 10^{-12}\ \dfrac{F}{m}$

$\epsilon = \epsilon_0 \cdot \epsilon_r$ = Dielektrizitätskonstante in $\dfrac{F}{m}$

$\epsilon_{Luft} = 1$

ϵ_r = Dielektrizitätszahl des Dielektrikum

n = Anzahl der Platten

4.2.2 Ladung von Kondensatoren

$$Q = C \cdot U = I \cdot t$$

Q = Ladung in As

U = Spannung des Ladevorgangs zur Zeit t

I = konstanter Ladestrom während der Zeit t

t = Zeit in s

4.2.3 Reihenschaltung von Kondensatoren

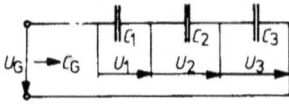

$$\frac{1}{C_G} = \frac{1}{C_1} + \frac{1}{C_2} + \frac{1}{C_3} + \dots$$

Bei zwei Kondensatoren:

$$C_G = \frac{C_1 \cdot C_2}{C_1 + C_2} \;\rightarrow\; C_1 = \frac{C_2 \cdot C_G}{C_2 - C_G} \;,\quad \text{oder:}\quad C_2 = \frac{C_1 \cdot C_G}{C_1 - C_G}$$

Bei n-gleichen Kondensatoren:

$$C_G = \frac{C}{n}$$

n = Anzahl der Kondensatoren C

$$U_G = U_1 + U_2 + U_3 + \dots$$
$$Q = C \cdot U = C_1 \cdot U_1 = C_2 \cdot U_2 = \dots$$

4.2.4 Parallelschaltung von Kondensatoren

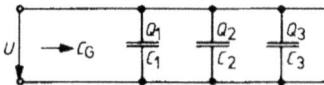

$$C_G = C_1 + C_2 + C_3 + \dots$$

Bei n-gleichen Kondensatoren:

$$C_G = n \cdot C$$

$$Q_G = Q_1 + Q_2 + Q_3 + \dots$$

$$U = \frac{Q}{C} = \frac{Q_1}{C_1} = \frac{Q_2}{C_2} = \dots$$

4.2.5 Energie eines geladenen Kondensators

$$W = \frac{1}{2} \cdot C \cdot U^2 = \frac{1}{2} Q \cdot U$$

W = el. gespeicherte Energie (Arbeit) in Ws

U = zur Ladung Q gehörende Kondensatorspannung in V

4.3 Magnetisches Feld

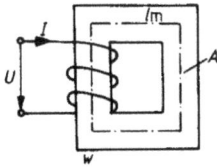

Θ = Durchflutung in A (Magnetische Spannung)

w = Windungszahl

H = Magnet. Feldstärke in $A\,m^{-1}$

l_m = mittlere Feldlinienlänge in m

μ_0 = Magnet. Feldkonstante = $1{,}257 \cdot 10^{-6}\ \dfrac{H}{m}$

$\Theta = I \cdot w$

μ_r = Permeabilitätszahl des Werkstoffes

$H = \dfrac{I \cdot w}{l_m}$

B = Magnet. Flußdichte in $T = \dfrac{Vs}{m^2}$

$B = \mu_0 \cdot \mu_r \cdot H$

Φ = Magnet. Fluß in Wb = Vs

$\Phi = B \cdot A = \dfrac{\Theta}{R_m}$

A = Fläche in m^2

R_m = Magnet. Widerstand in $\dfrac{A}{Vs}$

$R_m = \dfrac{l_m}{\mu_0 \cdot \mu_r \cdot A}$

4.3.1 Induktionsgesetz

$$u = -w \cdot \frac{d\Phi}{dt} \approx -w \cdot \frac{\Delta\Phi}{\Delta t}$$

u = Induktionsspannung in V

$d\Phi, \Delta\Phi$ = Flußänderung

$dt, \Delta t$ = Zeitänderung

4.3.2 Induktivität von Spulen

$$L = w^2 \cdot \mu_0 \cdot \mu_r \cdot \frac{A}{l_m}$$

L = Induktivität in $H = \dfrac{Vs}{A}$

4.3.3 Induktivität von Bauteilen

Gerader Draht

$$L_{NF} = 2 \cdot l \left(\ln \frac{2 \cdot l}{r_D} - 0{,}75 \right) \cdot 10^{-9}$$

L_{NF} = Induktivität bei Niederfrequenz* in H

L_{HF} = Induktivität bei Hochfrequenz* in H

---

* Der NF-Bereich ist dadurch gekennzeichnet, daß hier der Skineffekt noch vernachlässigt werden kann.
Im HF-Bereich fließt der Strom im wesentlichen nur noch an der Leiteroberfläche.

$$L_{HF} = 2 \cdot l \left(\ln \frac{2 \cdot l}{r_D} - 1 \right) \cdot 10^{-9}$$

l = Leiterlänge in cm

Doppelleitung

$$L_{NF} = l \left(4 \cdot \ln \frac{a}{r_D} + 1 \right) \cdot 10^{-9}$$

$r_D = \dfrac{d}{2}$ = Drahtradius in cm

$$L_{HF} = l \left(4 \cdot \ln \frac{a}{r_D} \right) \cdot 10^{-9}$$

a = Mittenabstand der Leiter in cm

r_M = Innenradius des Mantels in cm

h = Abstand des Leiters gegen Erde in cm

Koaxialleitung

L = Induktivität in H

$$L_{NF} = 2 \cdot l \left(\ln \frac{r_M}{r_D} + 0{,}25 \right) \cdot 10^{-9}$$

$$L_{HF} = 2 \cdot l \left(\ln \frac{r_M}{r_D} \right) \cdot 10^{-9}$$

Leiter gegen Erde

$$L = 2 \cdot l \cdot \ln \frac{2 \cdot h}{r_D} \cdot 10^{-9}$$

Einlagige Zylinderspule

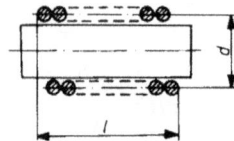

l = Spulenlänge in cm

d = Spulendurchmesser in cm

w = Windungszahl

F = Berechnungsfaktor

$$L = \frac{d}{2} \cdot w^2 \cdot F \cdot 10^{-9}$$

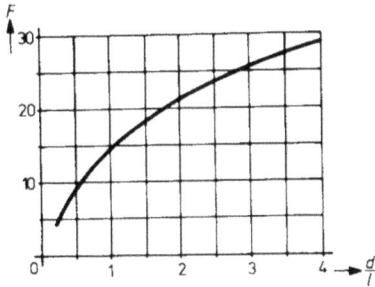

Schalenkerne, Massekerne

$L = w^2 \cdot A_L$

L = Induktivität in nH

A_L = Kernfaktor (A_L-Faktor, Induk-
= tivitätsfaktor) in nH, aus Datenblättern

Spulen mit geschlossenem Eisenkern (Transformatorblech)
(NF-Drosseln)

$$L = \frac{w^2}{R_m} = w^2 \cdot \frac{\mu_0 \cdot \mu_r \cdot A}{l_m}$$

R_m = Magnetischer Widerstand in $\frac{A}{Vs}$ s. 4.3

μ_0 = $1{,}257 \cdot 10^{-6} \ \frac{H}{m}$

μ_r = Permeabilität des Kernbleches

l_m = mittlere Feldlinienlänge in m

Spulen mit Luftspalt

A = Kernfläche in m^2

$R_{m_L} > R_{m_{Fe}}$

$L \approx w^2 \cdot \frac{\mu_0 \cdot A}{l_L}$

R_{m_L} = Magnet. Widerstand des Luftspaltes

R_{mFe} = Magnet. Widerstand des Kerns

l_L = Luftspaltlänge in m

4.3.4 Selbstinduktionsspannung

$$u = -L \cdot \frac{di}{dt} \approx -L \cdot \frac{\Delta I}{\Delta t}$$

$di, \Delta I$ = Stromänderung

4.3.5 Reihenschaltung von Spulen

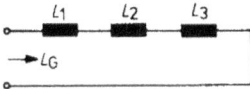

L_G = Gesamtinduktivität in H

$L_G = L_1 + L_2 + L_3 + \ldots$

4.3.6 Parallelschaltung von Spulen

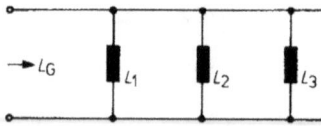

$$\frac{1}{L_G} = \frac{1}{L_1} + \frac{1}{L_2} + \frac{1}{L_3} + \dots$$

4.3.7 Gegeninduktivität

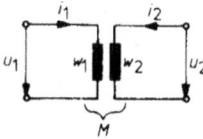

M = Gegeninduktivität in H = $\dfrac{Vs}{A}$

w_1 = Primärwindungszahl

w_2 = Sekundärwindungszahl

$$M = w_2 \cdot \frac{\Phi_{12}}{i_1} = w_1 \cdot \frac{\Phi_{21}}{i_2}$$

Φ_{12} = Von Spule 1 erzeugter Fluß,
der Spule 2 durchsetzt

$$u_2 = -M \cdot \frac{di_1}{dt}$$

Φ_{21} = Von Spule 2 erzeugter Fluß,
der Spule 1 durchsetzt

$$u_1 = -M \cdot \frac{di_2}{dt}$$

4.3.8 Reihenschaltung magnetisch gekoppelter Spulen

$$L_G = L_1 + L_2 \pm 2 \cdot M$$

$+$ gleicher
$-$ entgegengesetzter $\Big\}$ Fluß

4.3.9 Energie einer stromdurchflossenen Spule

$$W = \frac{1}{2} \cdot L \cdot I^2$$

W = magnet. Energie in Ws
I = zum Fluß Φ gehörender Erreger-
strom in A

4.3.10 Transformator, Übertrager

ohne Verluste: $P_2 = P_1$

$\ddot{u}$ = Übersetzungsverhältnis

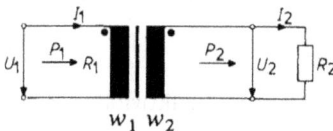

$w_1 \; w_2$

$$\ddot{u} = \frac{w_1}{w_2} = \frac{U_1}{U_2} = \frac{I_2}{I_1} = \sqrt{\frac{R_1}{R_2}} = \sqrt{\frac{L_1}{L_2}} = \sqrt{\frac{C_2}{C_1}} = \sqrt{\frac{Z_1}{Z_2}}$$

mit Verlusten: $P_2 = \eta \cdot P_1$ η = Wirkungsgrad

$\eta \approx 0,6 ... 0,95$ je nach Größe

4.3.11 Spartransformator

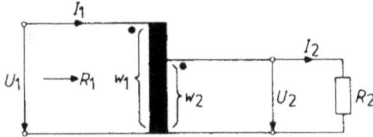

$$\ddot{u} = \frac{w_1}{w_2} = \frac{U_1}{U_2} = \frac{I_2}{I_1} = \sqrt{\frac{R_1}{R_2}}$$

Dimensionierung von Transformatoren s. 5.3.1 und von Übertragern s. 6.1.8

4.4 Blindwiderstände

4.4.1 Kapazitiver Blindwiderstand

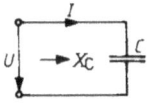

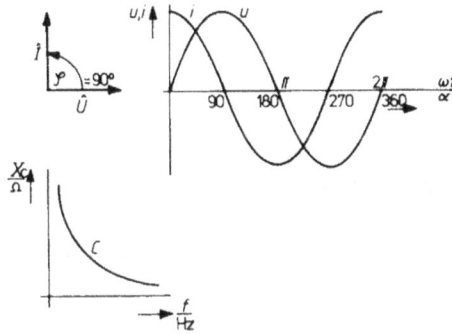

$X_c = \dfrac{U}{I}$

$X_c = \dfrac{1}{2 \pi f \cdot C}$

$X_c = \dfrac{1}{\omega C}$

4.4.2 Induktiver Blindwiderstand

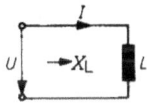

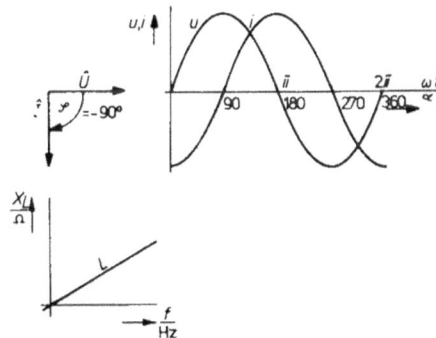

$X_L = \dfrac{U}{I}$

$X_L = 2 \pi f \cdot L$

$X_L = \omega L$

$U, I,$ = Effektivwerte von Spannung und Strom

$\hat{U}, \hat{I}$ = Spitzenwerte von Spannung und Strom

u, i = Augenblickswerte von Spannung und Strom

X_C, X_L = Kapazitiver oder induktiver Blindwiderstand in Ω

φ = Phasenverschiebungswinkel zwischen Spannung und Strom in Grad

C = Kapazität in F

L = Induktivität in H

f = Frequenz in Hz

ω = Kreisfrequenz in s^{-1}

4.5 Analoge, passive Schaltungen

4.5.1 R und C an Wechselspannung

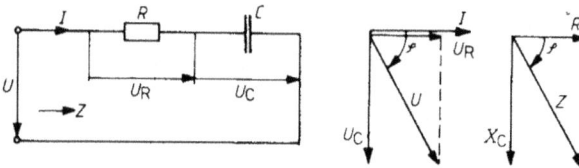

$U \quad = \sqrt{U_R^2 + U_C^2}$

$Z \quad = \sqrt{R^2 + X_C^2} = \dfrac{U}{I}$

$\tan\varphi = \dfrac{U_C}{U_R} = \dfrac{X_C}{R} = \dfrac{1}{R\omega C}$

$\cos\varphi = \dfrac{U_R}{U} = \dfrac{R}{Z}$

R = Wirkwiderstand in Ω

X_C = Kapazitiver Blindwiderstand in Ω

Z = Scheinwiderstand in Ω

ω = Kreisfrequenz in s^{-1}

φ = Phasenverschiebungswinkel in Grad

$\cos\varphi$ = Leistungsfaktor

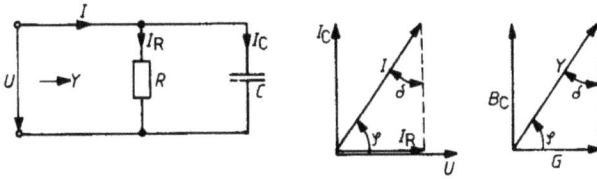

$$I = \sqrt{I_R^2 + I_C^2}$$

$$Y = \sqrt{G^2 + B_C^2} = \frac{1}{Z}$$

$$\tan\varphi = \frac{I_C}{I_R} = \frac{B_C}{G} = \frac{R}{X_C} = R\omega C$$

$$\tan\delta = \frac{I_R}{I_C} = \frac{G}{B_C} = \frac{X_C}{R} = \frac{1}{R\omega C}$$

Y = Scheinleitwert in S

G = $\dfrac{1}{R}$ = Wirkleitwert in S

B_C = $\dfrac{1}{X_C}$ = Blindleitwert in S

$\tan\delta$ = Verlustfaktor

4.5.2 R und L an Wechselspannung

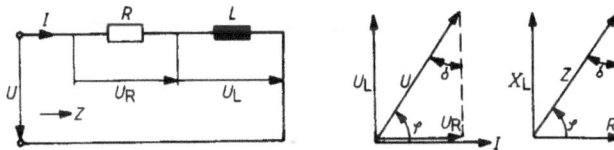

$$U = \sqrt{U_R^2 + U_L^2}$$

$$Z = \sqrt{R^2 + X_L^2} = \frac{U}{I}$$

$$\tan\varphi = \frac{U_L}{U_R} = \frac{X_L}{R} = \frac{\omega L}{R}$$

$$\cos\varphi = \frac{U_R}{U} = \frac{R}{Z}$$

$$\tan\delta = \frac{U_R}{U_L} = \frac{R}{X_L} = \frac{R}{\omega L}$$

X_L = Induktiver Blindwiderstand in Ω

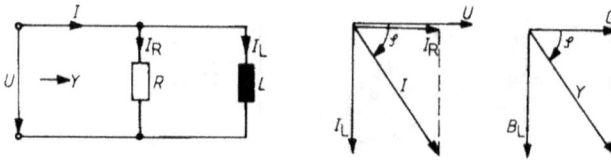

$$I = \sqrt{I_R{}^2 + I_L{}^2}$$

$$Y = \sqrt{G^2 + B_L{}^2} = \frac{1}{Z}$$

$$\tan\varphi = \frac{I_L}{I_R} = \frac{B_L}{G} = \frac{R}{X_L} = \frac{R}{\omega L}$$

$$B_L = \frac{1}{X_L} = \text{Blindleitwert in S}$$

4.5.3 R, L und C an Wechselspannung

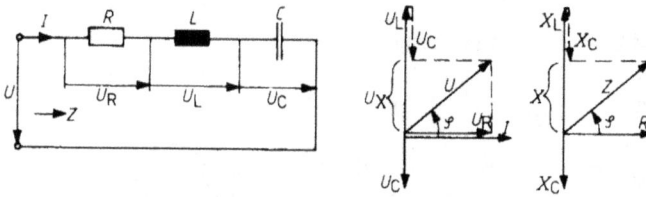

$$U = \sqrt{U_R{}^2 + U_X{}^2}$$

$$U_X = U_L - U_C \quad \text{wenn:} \quad U_L > U_C$$

$$U_X = U_C - U_L \quad \text{wenn:} \quad U_C > U_L$$

$$Z = \sqrt{R^2 + X^2} = \frac{U}{I}$$

$$X = X_L - X_C \quad \text{wenn:} \quad X_L > X_C$$

$$X = X_C - X_L \quad \text{wenn:} \quad X_C > X_L$$

$$\tan\varphi = \frac{U_X}{U_R} = \frac{X}{R}$$

$$\cos\varphi = \frac{U_R}{U} = \frac{R}{Z}$$

$X_L, X_C = \text{Blindwiderstände in } \Omega$

$X = \text{Resultierender Blindwiderstand in } \Omega$

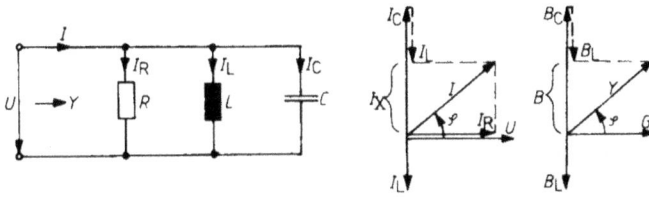

$$I = \sqrt{I_R^2 + I_X^2}$$

$$I_X = I_L - I_C \quad \text{wenn:} \quad I_L > I_C$$

$$I_X = I_C - I_L \quad \text{wenn:} \quad I_C > I_L$$

$$Y = \sqrt{G^2 + B^2} = \frac{1}{Z}$$

$$B = B_L - B_C \quad \text{wenn:} \quad B_L > B_C$$

$$B = B_C - B_L \quad \text{wenn:} \quad B_C > B_L$$

$$\tan \varphi = \frac{I_X}{I_R} = \frac{B}{G}$$

$$B_L = \frac{1}{X_L} = \text{Induktiver Blindleit-wert in S}$$

$$B_C = \frac{1}{X_C} = \text{Kapazitiver Blind-leitwert in S}$$

$$B = \text{Resultierender Blindleitwert in S}$$

4.5.4 Komplexe Darstellung
s. auch 10.4.8

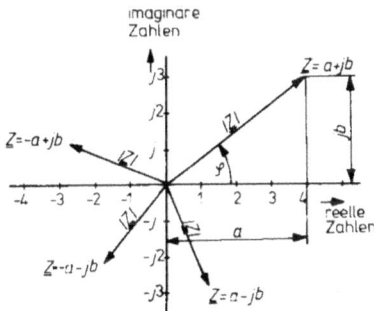

Regeln:

$$j = \sqrt{-1}$$

$$j^2 = -1$$

$$-j^2 = +1$$

$$j^{-1} = -j$$

$$j^{-2} = -1$$

$$(-j) \cdot (-j) = -1$$

$$(+j) \cdot (-j) = +1$$

Allgemein gilt:

$$j^{4n} = 1 \; ; \quad j^{4n+1} = j \; ;$$

$$j^{4n+2} = -1 \; ; \quad j^{4n+3} = -j \, .$$

Normalform:

$$\underline{Z} = a + jb$$
$$|\underline{Z}| = Z = \sqrt{a^2 + b^2}, \quad \tan \varphi = \frac{b}{a}$$

Trigonometrische Form

$$\underline{Z} = Z (\cos \varphi + j \sin \varphi)$$

Exponentialform

$$\underline{Z} = Z \cdot e^{+j\varphi}$$

Addition und Subtraktion komplexer Ausdrücke

$$\underline{Z} = (a + jb) + (c + jd) = (a + c) + j (b + d)$$
$$\underline{Z} = (a + jb) - (c + jd) = (a - c) + j (b - d)$$

Multiplikation komplexer Ausdrücke

$$\underline{Z} = (a + jb)(c + jd) = ac - bd + j(bc + ad)$$
$$|\underline{Z}| = Z = \sqrt{(a^2 + b^2)(c^2 + d^2)} \qquad \tan \varphi = \frac{bc + ad}{ac - bd}$$

Multiplikation konjugiert komplexer Zahlen

$$\underline{Z} = (a + jb)(a - jb) = a^2 + b^2$$

Division komplexer Ausdrücke

$$\underline{Z} = \frac{a + jb}{c + jd} = \frac{ac + bd + j(bc - ad)}{c^2 + d^2}$$

$$|\underline{Z}| = Z = \sqrt{\frac{a^2 + b^2}{c^2 + d^2}} \qquad \tan \varphi = \frac{bc - ad}{ac + bd}$$

Darstellung von komplexen Widerständen

Reihenschaltung

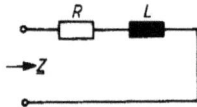

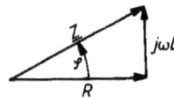

$$\underline{Z} = R + j\omega L \qquad\qquad |\underline{Z}| = Z = \sqrt{R^2 + (\omega L)^2} \qquad \tan \varphi = \frac{\omega L}{R}$$

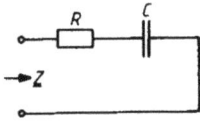

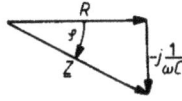

$$\underline{Z} = R + \frac{1}{j\omega C} = R - j\,\frac{1}{\omega C}$$

$$|\underline{Z}| = Z = \sqrt{R^2 + \left(\frac{1}{\omega C}\right)^2}$$

$$\tan\varphi = -\,\frac{1}{\omega R C}$$

$$\underline{Z} = R + j\left(\omega L - \frac{1}{\omega C}\right)$$

$$|\underline{Z}| = Z = \sqrt{R^2 + \left(\omega L - \frac{1}{\omega C}\right)^2}$$

$$\tan\varphi = \frac{\omega L - \dfrac{1}{\omega C}}{R}$$

Parallelschaltung

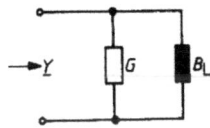

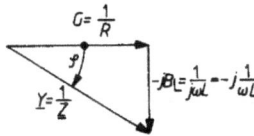

$$\underline{Y} = G - j B_L$$

$$|\underline{Y}| = Y = \sqrt{G^2 + B_L^{\,2}} \qquad \tan\varphi = -\,\frac{B_L}{G}$$

$$\frac{1}{\underline{Z}} = \frac{1}{R} - j\,\frac{1}{\omega L}$$

$$\left|\frac{1}{\underline{Z}}\right| = \frac{1}{Z} = \sqrt{\frac{1}{R^2} + \frac{1}{(\omega L)^2}} \qquad \tan\varphi = -\,\frac{R}{\omega L}$$

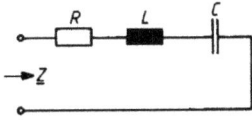

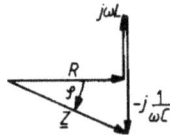

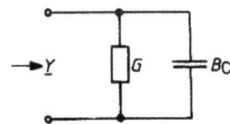

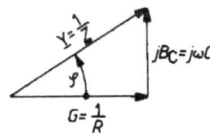

$$\underline{Y} = G + j B_C$$

$$|\underline{Y}| = Y = \sqrt{G^2 + B_C^{\,2}} \qquad \tan\varphi = \frac{B_C}{G}$$

$$\frac{1}{\underline{Z}} = \frac{1}{R} + j\omega C$$

$$\left|\frac{1}{\underline{Z}}\right| = \frac{1}{Z} = \sqrt{\frac{1}{R^2} + (\omega C)^2} \qquad \tan\varphi = R\omega C$$

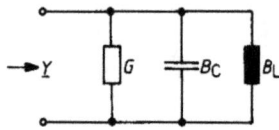

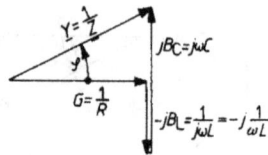

$$\underline{Y} = G + jB_C - jB_L \qquad |\underline{Y}| = Y = \sqrt{G^2 + (B_C - B_L)^2}$$

$$\tan\varphi = \frac{B_C - B_L}{G}$$

$$\frac{1}{\underline{Z}} = \frac{1}{R} + j\omega C - j\frac{1}{\omega L} \qquad \left|\frac{1}{\underline{Z}}\right| = \frac{1}{Z} = \sqrt{\frac{1}{R^2} + \left(\omega C - \frac{1}{\omega L}\right)^2}$$

$$\tan\varphi = \left(\omega C - \frac{1}{\omega L}\right) \cdot R$$

4.5.5 Schwingkreise, Resonanzbedingungen

$$X_L = X_C$$

$$\omega_0 L = \frac{1}{\omega_0 \cdot C}$$

ohne Dämpfung:

$$f_0 = \frac{1}{2\pi \cdot \sqrt{L \cdot C}}$$

mit Dämpfung:

$$f_0 = \frac{1}{2\pi} \sqrt{\frac{1}{L \cdot C} - \left(\frac{R_v}{2 \cdot L}\right)^2}$$

$$Z_w = \sqrt{\frac{L}{C}}$$

X_L, X_C = indukt., kap. Blindwiderstand in Ω

f_0 = Resonanzfrequenz in Hz

Z_w = Wellenwiderstand des
Schwingkreises (Kenn-
widerstand) in Ω
s. auch 4.5.35

4.5.6 Reihenschwingkreis

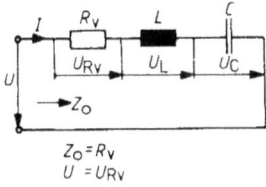

$Z_0 = R_v$
$U = U_{Rv}$

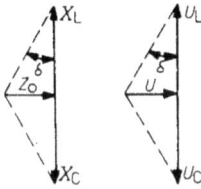

Frequenz- und Phasengang
Bezugsgröße: Strom I

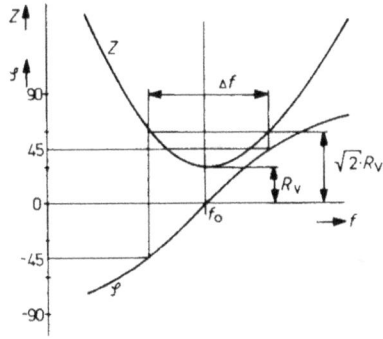

$$d \quad = \tan \delta = \frac{Z_0}{X_L} = \frac{Z_0}{X_C}$$

$$d \quad = \tan \delta = \frac{U}{U_L} = \frac{U}{U_C}$$

$$Q \quad = \frac{1}{\tan \delta} = \frac{X_L}{Z_0} = \frac{\omega_0 L}{R_v}$$

$$Q \quad = \frac{1}{R_v} \cdot \sqrt{\frac{L}{C}}$$

$$Q \quad = \frac{f_0}{\Delta f}$$

$$\Delta f \quad = \frac{R_v}{2\pi \cdot L}$$

$$\tan \varphi = \frac{\omega L - \dfrac{1}{\omega C}}{R_v} = Q\nu$$

$$\nu \quad = \frac{\omega}{\omega_0} - \frac{\omega_0}{\omega} = \frac{f}{f_0} - \frac{f_0}{f}$$

Z_0 = Resonanzwiderstand in Ω

δ = Verlustwinkel in Grad

d = $\tan \delta$ = Verlustfaktor

Q = Güte

Δf = Bandbreite in Hz

φ = Phasenverschiebungswinkel in Grad

ν = Verstimmung

4.5.7 Parallelschwingkreis

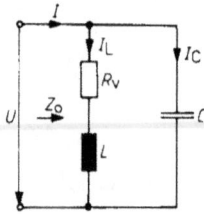

Frequenz- und Phasengang
Bezugsgröße: Spannung U

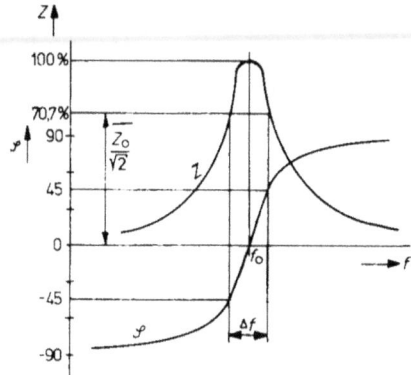

Ersatzbild $R_v \ll X_L$

$$Z_0 = \frac{L}{R_v C} = Q^2 \cdot R_v$$

$$Z_0 = Q \cdot \sqrt{\frac{L}{C}}$$

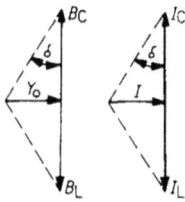

Y_0 = Resonanzleitwert in S
B_C = Kapazitiver Blindleitwert in S
B_L = Induktiver Blindleitwert in S

$$d = \tan\delta = \frac{Y_0}{B_C} = \frac{Y_0}{B_L} = \frac{I}{I_L} = \frac{I}{I_C}$$

$$Q = \frac{1}{\tan\delta} = \frac{B_L}{Y_0} = \frac{Z_0}{X_L} = \frac{Z_0}{\omega_0 L} = \sqrt{\frac{Z_0}{R_v}} = \frac{\omega_0 L}{R_v}$$

$$Q = Z_0 \cdot \sqrt{\frac{C}{L}}$$

$$Q = \frac{f_0}{\Delta f}$$

$$\Delta f = \frac{1}{Z_0 \cdot 2\pi \cdot C}$$

$$\tan\varphi = \left(\omega C - \frac{1}{\omega L}\right) Z_0 = Q \cdot \nu$$

$$\nu = \frac{\omega}{\omega_0} - \frac{\omega_0}{\omega} = \frac{f}{f_0} - \frac{f_0}{f}$$

4.5.8 Schwingkreisabstimmung

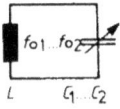

C_1 = Anfangskapazität in F

C_2 = Endkapazität in F

f_{01} = Anfangsfrequenz in Hz

f_{02} = Endfrequenz in Hz

$C_1 < C_2$

$f_{01} < f_{02}$

v_C = Kapazitätsverhältnis des Drehkondensators

v_f = Frequenzverhältnis

$$v_C = \frac{C_2}{C_1} = \left(\frac{f_{02}}{f_{01}}\right)^2 = v_f^2$$

4.5.9 Bandspreizung durch Serienkondensator

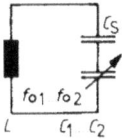

C_S = Serienkondensator in F

v_C' = Kapazitätsverhältnis der Gesamtschaltung

v_f' = Frequenzverhältnis der Gesamtschaltung

$$v_C' = (v_f')^2 = \left(\frac{f_{02}}{f_{01}}\right)^2$$

$$v_C' = v_C \frac{C_S + C_1}{C_S + C_2}$$

$$C_S = C_2 \frac{v_C' - 1}{v_C - v_C'}$$

4.5.10 Bandspreizung durch Parallelkondensator

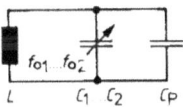

C_P = Parallelkondensator in F

$\Delta C = C_2 - C_1$ = Kapazitätsänderung in F

$$v_C' = (v_f')^2 = \left(\frac{f_{02}}{f_{01}}\right)^2$$

$$C_P = \frac{\Delta C}{v_C' - 1} - C_1$$

4.5.11 Bandfilter

Induktive Kopplung   Kapazitive Kopplung

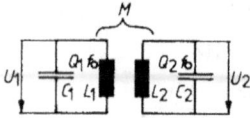

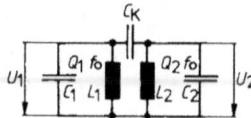

$$K = \frac{M}{\sqrt{L_1 \cdot L_2}} \qquad Q_1 = Q_2 = Q \qquad K = \frac{C_K}{\sqrt{C_1 \cdot C_2}}$$

$$n = K \cdot Q$$

$$\Omega = \frac{\Delta f}{f_0} \cdot Q$$

M = Gegeninduktivität in H

Q = Güte

K = Kopplungsfaktor

n = normierte Kopplung

Ω = normierte Verstimmung

Δf = Bandbreite in Hz

unterkritische   kritische   überkritische Kopplung
$\quad n^2 < 1$ $\quad n^2 = 1$ $\quad n^2 > 1$

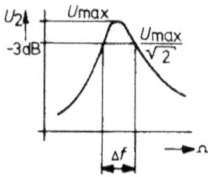

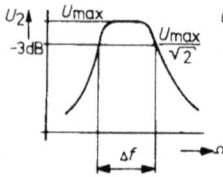

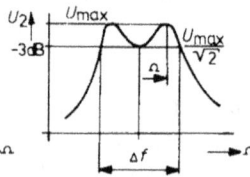

$$\Delta f \approx \frac{f_0}{Q} \qquad\qquad \Delta f \approx \sqrt{2} \cdot \frac{f_0}{Q} \qquad\qquad \Delta f \approx 3{,}1 \cdot \frac{f_0}{Q}$$

$$\Omega = \sqrt{n^2 - 1}$$

$$n \leqslant 2{,}41 \; ; \quad \text{für:} \quad \frac{U_{max}}{\sqrt{2}} \;\hat{=}\; -3 \text{ dB}$$

4.5.12 Tiefpaßkettenschaltung

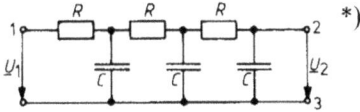   *)

$\underline{A}$ = Dämpfungsfaktor

$|\underline{A}| = A$ = Betrag des Dämpfungsfaktors bei f_0

f_0 = Frequenz in Hz für
$\varphi = 180°$ (Resonanzfrequenz)

$$\underline{A} = \frac{U_1}{U_2} = A\, e^{j\varphi}$$

$|\underline{A}| = A = \dfrac{U_1}{U_2} = 29$

$f_0 \approx \dfrac{1}{2,56 \cdot R \cdot C}$ $\left.\right\}$ 3 gliedrig

$|\underline{A}| = A = \dfrac{U_1}{U_2} = 18,4$

$f_0 \approx \dfrac{1}{5,23 \cdot R \cdot C}$ $\left.\right\}$ 4 gliedrig

4.5.13 Hochpaßkettenschaltung

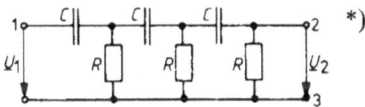   *)

$$\underline{A} = \frac{U_1}{U_2} = A\, e^{j\varphi}$$

$|\underline{A}| = A = \dfrac{U_1}{U_2} = 29$

$f_0 \approx \dfrac{1}{15,4 \cdot R \cdot C}$ $\left.\right\}$ 3 gliedrig

$|\underline{A}| = A = \dfrac{U_1}{U_2} = 18,4$

$f_0 \approx \dfrac{1}{7,53 \cdot R \cdot C}$ $\left.\right\}$ 4 gliedrig

---

* Die Klemmenbezeichnungen 1 ... 3 beziehen sich auf das Filtersymbol des RC-Filters
bei den Oszillatorschaltungen s. 6.1.14.

4.5.14 Doppel-T-Filter

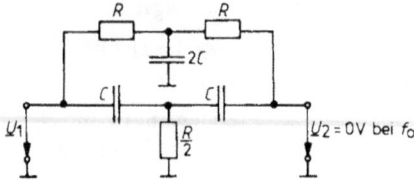

f_0 = Frequenz in Hz für
$\underline{U}_2$ = OV

$\underline{A} \to \infty$; bei f_0

$$f_0 = \frac{1}{2\,\pi \cdot R \cdot C}$$

Frequenzgang der Verstär-
kung und Phasengang s.
Wien-Robinson-Brücke

4.5.15 Wien-Halb-Brücke

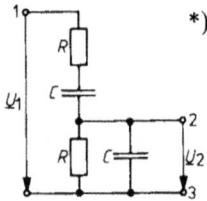

*)

f_0 = Frequenz in Hz für $\varphi = 0°$

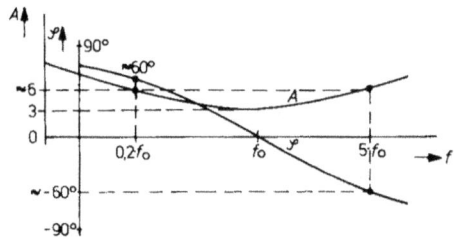

$$\underline{A} = \frac{\underline{U}_1}{\underline{U}_2} = A\,e^{j\varphi}$$

$$|\underline{A}| = A = \frac{U_1}{U_2} = 3$$

$$f_0 = \frac{1}{2\,\pi \cdot R \cdot C}$$

---

* Die Klemmenbezeichnungen 1 ... 3 beziehen sich auf das Filtersymbol des RC-Filters
  bei den Oszillatorschaltungen s. 6.1.14.

4.5.16 Wien-Robinson-Brücke

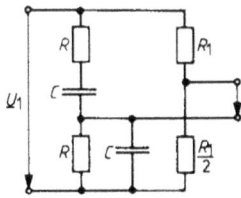

f_0 = Frequenz in Hz für $\underline{U}_2$ = OV

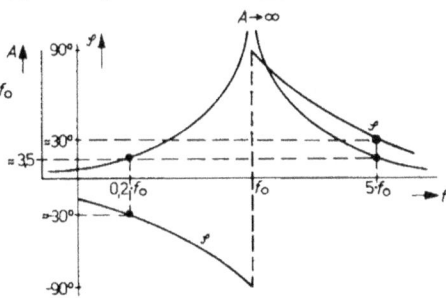

$\underline{A} \to \infty$; bei f_0

$$f_0 = \frac{1}{2\pi \cdot R \cdot C}$$

4.5.17 Klangeinsteller („Kuhschwanz") [11]

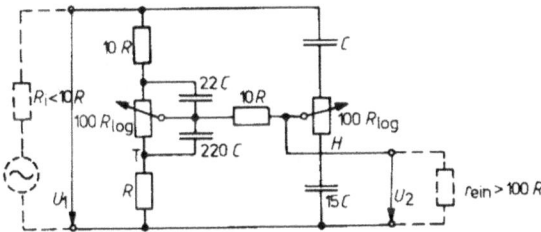

$$\tau = R \cdot C = 10^{-6}\ \text{s}$$

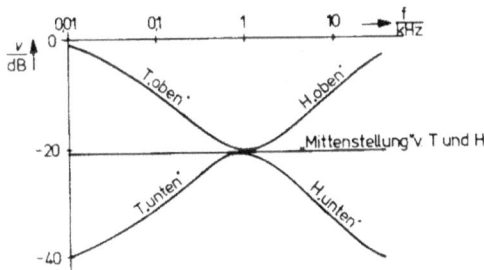

R = Bezugswiderstand (Rechen-
widerstand) (0.1 ... 10 kΩ) in Ω

C = Bezugskondensator (Rechen-
kondensator) in F

T = Tiefenpotentiometer

H = Höhenpotentiometer

R_i = Innenwiderstand des treibenden Generators in Ω

r_{ein} = Eingangswiderstand der folgenden Stufe in Ω

v = Verstärkungsmaß in dB
(hier negativ, weil eine Dämpfung auftritt)

4.5.18 Phasenschieber-Brücke

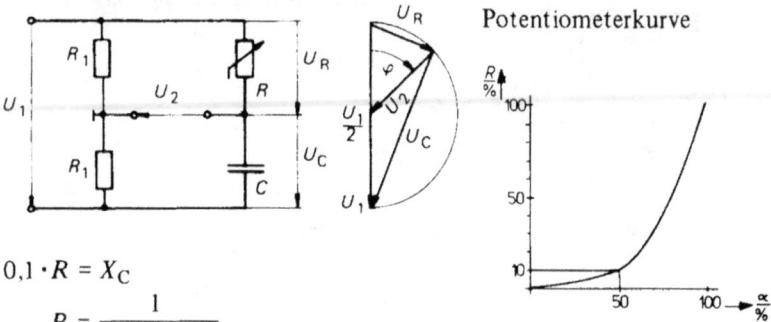

Potentiometerkurve

$$0,1 \cdot R = X_C$$

$$R = \frac{1}{0,2 \cdot \pi \cdot f \cdot C}$$

$$R \ll X_C \rightarrow \varphi \approx 0°$$

$$R \gg X_C \rightarrow \varphi \approx 180°$$

$$\varphi = 2 \cdot \arctan(\omega R C)$$

R = Endwert des logarithmischen Phasenschieber-Potentiometers in Ω

α = Drehwinkel des Phasenschieber-Potentiometers in % (bezogen auf R_{max})

φ = Phasenverschiebungswinkel zwischen Eingangs- und Ausgangsspannung in Grad

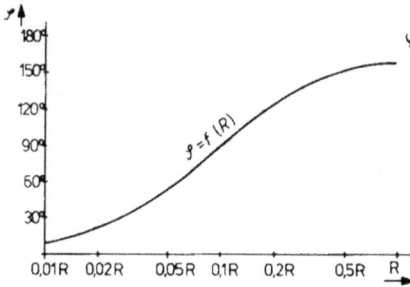

$$U_2 = \frac{U_1}{2}$$

Bemerkung:
Die Widerstände R_1 können durch eine Transformator-Ausgangswicklung mit Mittenanzapfung ersetzt werden.

4.5.19 RC-Tiefpaß

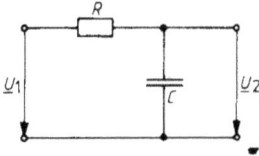

$$V = \frac{U_2}{U_1} = \frac{-j\,X_C}{R - j\,X_C} = V\,e^{j\varphi}$$

$$|V| = V = \frac{U_2}{U_1} = \frac{X_C}{Z} = \frac{X_C}{\sqrt{R^2 + X_C^2}} = \frac{1}{A}$$

$$V = \frac{1}{\sqrt{1 + (\omega \cdot R \cdot C)^2}}$$

$$f_g = \frac{1}{2\,\pi \cdot R \cdot C}$$

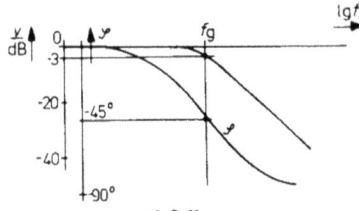

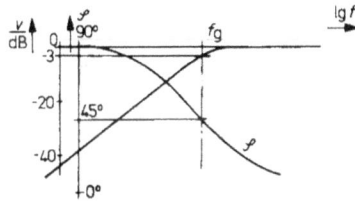

Abfall:
-- 6 dB je Oktave oder
-- 20 dB je Dekade

$$\tan \varphi = -\,\omega \cdot R \cdot C$$

4.5.20 RC-Hochpaß

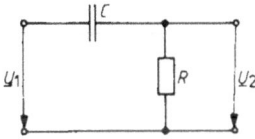

$$V = \frac{U_2}{U_1} = \frac{R}{R - j\,X_C} = V\,e^{j\varphi}$$

$$|V| = V = \frac{U_2}{U_1} = \frac{R}{Z}$$

$$V = \frac{R}{\sqrt{R^2 + X_C^2}} = \frac{1}{A}$$

$$V = \frac{R}{\sqrt{R^2 + \left(\dfrac{1}{\omega C}\right)^2}}$$

$$f_g = \frac{1}{2\,\pi \cdot R \cdot C}$$

Abfall:
-- 6 dB je Oktave oder
-- 20 dB je Dekade

$$\tan \varphi = \frac{1}{\omega \cdot R \cdot C}$$

υ = Verstärkungsmaß in dB (hier negativ, weil die Glieder dämpfen)

φ = Phasenwinkel zwischen U_1 und U_2 in Grad

V = Verstärkungsfaktor

$|V| = V$ = Betrag des Verstärkungs-
      faktors

U_1 = Eingangswechselspannung
     in V

U_2 = Ausgangswechselspannung
     in V

f_g = Grenzfrequenz in Hz
    (hier ist $R = X_C$)

A = Betrag des Dämpfungsfaktors

4.5.21 Reihenschaltung von n-Filtern (Halbglieder) mit gleicher Grenzfrequenz

Tiefpässe

$$f_g \approx f_{gn} \cdot \sqrt{1{,}3 \cdot n}$$

Hochpässe

$$f_g \approx \frac{f_{gn}}{\sqrt{1{,}3 \cdot n}}$$

f_g = Grenzfrequenz eines Einzelfilters in Hz

f_{gn} = Grenzfrequenz der Reihenschaltung von
     n-Filtern in Hz

n = Anzahl der Filter

$n > 1$

4.5.22 LC-Tiefpässe

Halbglieder

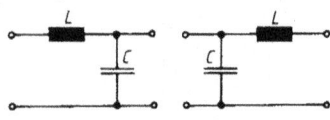

Vollglieder
T-Glied

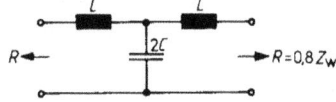

π-Glied

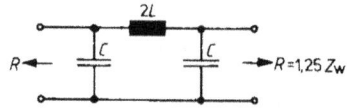

$$\omega_g = \frac{1}{\sqrt{L \cdot C}}$$

$$Z_w = \sqrt{\frac{L}{C}}$$

R = Abschlußwiderstand in Ω

Z_w = Nennwert des Wellenwiderstandes in Ω

$$C = \frac{1}{\omega_g \cdot Z_w}$$

$$L = \frac{Z_w}{\omega_g}$$

$$Z_T = Z_w \cdot \sqrt{1 - \left(\frac{\omega}{\omega_g}\right)^2}$$

$$Z_\pi = \frac{Z_w}{\sqrt{1 - \left(\frac{\omega}{\omega_g}\right)^2}}$$

f_g = Grenzfrequenz in Hz

$\omega_g = 2\pi \cdot f_g$

f = Frequenz in Hz

$\omega = 2\pi f$

Z_T = Wellenwiderstand des T-Gliedes in Ω

Z_π = Wellenwiderstand des π-Gliedes in Ω

4.5.23 LC-Hochpässe

Halbglieder

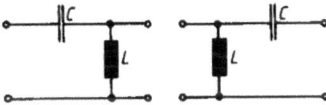

Vollglieder
T-Glied

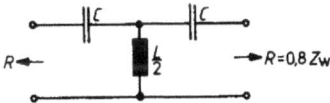

π-Glied

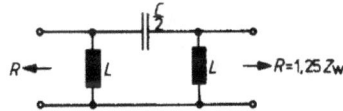

$$\omega_g = \frac{1}{\sqrt{L \cdot C}}$$

$$Z_w = \sqrt{\frac{L}{C}}$$

$$C = \frac{1}{\omega_g \cdot Z_w}$$

$$L = \frac{Z_w}{\omega_g}$$

$$Z_T = Z_w \sqrt{1 - \left(\frac{\omega_g}{\omega}\right)^2}$$

$$Z_\pi = \frac{Z_w}{\sqrt{1 - \left(\frac{\omega_g}{\omega}\right)^2}}$$

4.5.24 LC-Bandpässe

Halbglied

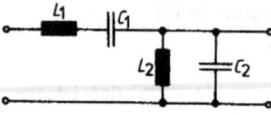

Vollglieder
T-Glied

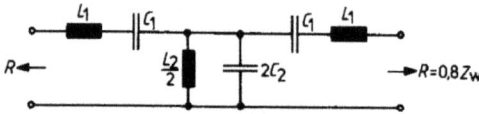

π-Glied

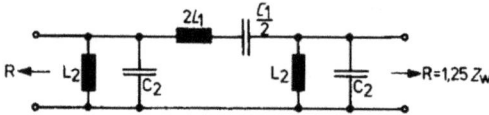

$$\omega_0 = \sqrt{\omega_a \cdot \omega_b}$$

$$f_0 = \sqrt{f_a \cdot f_b}$$

$$\Delta f = f_a - f_b$$

$$\omega_0 = \frac{1}{\sqrt{L_1 \cdot C_1}} = \frac{1}{\sqrt{L_2 \cdot C_2}}$$

$$Z_w = \sqrt{\frac{L_1}{C_2}} = \sqrt{\frac{L_2}{C_1}}$$

f_0 = Bandmittenfrequenz in Hz

$\omega_0 = 2\pi f_0$

Δf = Bandbreite in Hz

f_a = Obere Grenzfrequenz in Hz

f_b = Untere Grenzfrequenz in Hz

$$L_1 = \frac{Z_w}{\omega_a - \omega_b}$$

$$L_2 = Z_w \frac{\omega_a - \omega_b}{\omega_a \cdot \omega_b}$$

$$C_1 = \frac{1}{Z_w} \cdot \frac{\omega_a - \omega_b}{\omega_a \cdot \omega_b}$$

$$C_2 = \frac{1}{Z_w} \cdot \frac{1}{\omega_a - \omega_b}$$

4.5.25 LC-Bandsperren

Halbglied

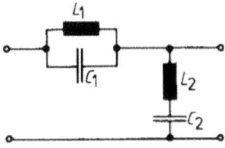

Vollglieder
T-Glied

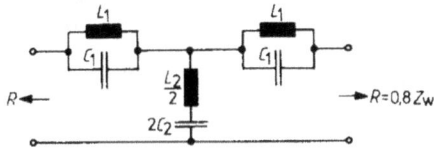

π-Glied

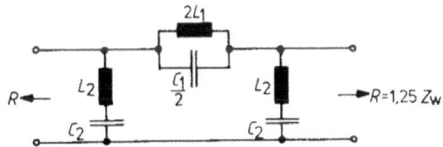

$$\omega_0 = \sqrt{\omega_a \cdot \omega_b}$$

$$f_0 = \sqrt{f_a \cdot f_b}$$

$$\Delta f = f_a - f_b$$

$$\omega_0 = \frac{1}{\sqrt{L_1 \cdot C_1}} = \frac{1}{\sqrt{L_2 \cdot C_2}}$$

$$Z_w = \sqrt{\frac{L_1}{C_2}} = \sqrt{\frac{L_2}{C_1}}$$

$$L_1 = Z_w \cdot \frac{\omega_a - \omega_b}{\omega_a \cdot \omega_b}$$

$$L_2 = \frac{Z_w}{\omega_a - \omega_b}$$

$$C_1 = \frac{1}{Z_w} \cdot \frac{1}{\omega_a - \omega_b}$$

$$C_2 = \frac{1}{Z_w} \cdot \frac{\omega_a - \omega_b}{\omega_a \cdot \omega_b}$$

4.5.26 Anpassungsglieder

T-Glieder

unsymmetrisch   symmetrisch

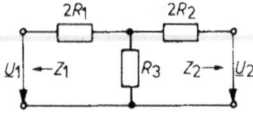

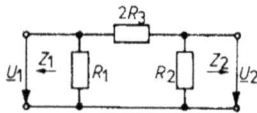

$2R_1$ $2R_2$

U_1 $\leftarrow Z_1$ R_3 $Z_2 \rightarrow$ U_2

R_1 R_2

U_1 $\leftarrow Z_1$ R_3 $Z_2 \rightarrow$ U_2

R_1 R_2

$$\underline{A} = \frac{\underline{U}_1}{\underline{U}_2} = A\,e^{j\varphi}$$

$$|\underline{A}| = A = \frac{U_1}{U_2}$$

$$R_1 = Z_1 \cdot \frac{A^2 + 1 - 2\cdot A \cdot \sqrt{\dfrac{Z_2}{Z_1}}}{2\,(A^2 - 1)}$$

$$R_2 = Z_2 \cdot \frac{A^2 + 1 - 2\cdot A \cdot \sqrt{\dfrac{Z_1}{Z_2}}}{2\,(A^2 - 1)}$$

$$R_3 = \sqrt{Z_1 \cdot Z_2} \cdot \frac{2\cdot A}{A^2 - 1}$$

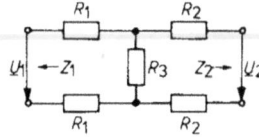

$\underline{A}$ = Dämpfungsfaktor

A = (zulässiger) Dämpfungsfaktor

$\underline{U}_1$ = Eingangsspannung in V

$\underline{U}_2$ = Ausgangsspannung in V

Z_1, Z_2 = Impedanzen, an die ange-
paßt werden soll in Ω

π-Glieder

unsymmetrisch   symmetrisch

$2R_3$

U_1 Z_1 R_1 R_2 Z_2 U_2

R_3

U_1 Z_1 R_1 R_2 Z_2 U_2

R_3

$$\underline{A} = \frac{\underline{U}_1}{\underline{U}_2} = A\,e^{j\varphi}$$

$$|\underline{A}| = A = \frac{U_1}{U_2}$$

$$R_1 = Z_1 \cdot \frac{A^2 - 1}{A^2 + 1 - 2\cdot A \cdot \sqrt{\dfrac{Z_1}{Z_2}}}$$

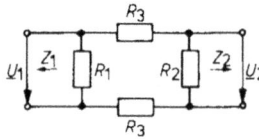

$$R_2 = Z_2 \cdot \frac{A^2 - 1}{A^2 + 1 - 2\cdot A \cdot \sqrt{\dfrac{Z_2}{Z_1}}}$$

$$R_3 = \sqrt{Z_1 \cdot Z_2} \cdot \frac{A^2 - 1}{4\cdot A}$$

4.5.27 Dämpfungsglieder

T-Glieder

unsymmetrisch

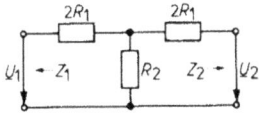

symmetrisch

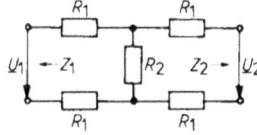

$Z_1 = Z_2 = Z$

$$\underline{A} = \frac{\underline{U}_1}{\underline{U}_2} = A\, e^{j\varphi}$$

$$|\underline{A}| = A = \frac{U_1}{U_2}$$

$$R_1 = \frac{Z}{2} \cdot \frac{A-1}{A+1}$$

$$R_2 = Z \cdot \frac{2 \cdot A}{A^2 - 1}$$

Z_1, Z_2 = Abschlußimpedanzen in Ω

A = (zulässiger) Dämpfungs-faktor

$\underline{U}_1$ = Eingangsspannung in V

$\underline{U}_2$ = Ausgangsspannung in V

π-Glieder

unsymmetrisch

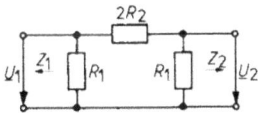

symmetrisch

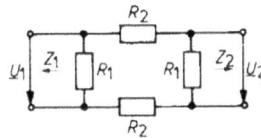

$Z_1 = Z_2 = Z$

$$\underline{A} = \frac{\underline{U}_1}{\underline{U}_2} = A\, e^{j\varphi}$$

$$|\underline{A}| = A = \frac{U_1}{U_2}$$

$$R_1 = Z \cdot \frac{A+1}{A-1}$$

$$R_2 = Z \cdot \frac{A^2 - 1}{4 \cdot A}$$

4.5.28 Dämpfung und Verstärkung

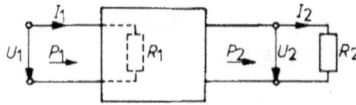

Dämpfung
Leistungsdämpfung

$$A_\mathrm{P} = \frac{P_1}{P_2} = \frac{U_1^2}{U_2^2} \cdot \frac{R_2}{R_1} = \frac{1}{V_\mathrm{P}}$$

$$\frac{a_\mathrm{P}}{\mathrm{dB}} = 10\lg\frac{P_1}{P_2} = 10\lg\frac{U_1^2}{U_2^2}\cdot\frac{R_2}{R_1}$$

$$\frac{a_\mathrm{P}}{\mathrm{dB}} = 20\lg\frac{U_1}{U_2} + 10\lg\frac{R_2}{R_1}$$

A = Dämpfungsfaktor

a = Dämpfungsmaß in dB oder
     Np (Neper)

V = Verstärkungsfaktor

v = Verstärkungsmaß in dB

Spannungsdämpfung

$$A_\mathrm{U} = \frac{U_1}{U_2}$$

$$\frac{a_\mathrm{U}}{\mathrm{dB}} = 20\lg\frac{U_1}{U_2} = -v_\mathrm{U} \quad ; \quad \text{oder:}$$

$$\frac{a_\mathrm{U}}{\mathrm{Np}} = \ln\frac{U_1}{U_2}$$

Stromdämpfung

$$A_\mathrm{I} = \frac{I_1}{I_2}$$

$$\frac{a_\mathrm{I}}{\mathrm{dB}} = 20\lg\frac{I_1}{I_2}$$

Verstärkung
Leistungsverstärkung

$$V_\mathrm{P} = \frac{P_2}{P_1} = \frac{U_2^2}{U_1^2} \cdot \frac{R_1}{R_2} = \frac{1}{A_\mathrm{P}}$$

$$\frac{v_\mathrm{P}}{\mathrm{dB}} = 10\lg\frac{P_2}{P_1} = 10\lg\frac{U_2^2}{U_1^2}\cdot\frac{R_1}{R_2}$$

$$\frac{v_\mathrm{P}}{\mathrm{dB}} = 20\lg\frac{U_2}{U_1} + 10\lg\frac{R_1}{R_2}$$

Spannungsverstärkung,

$$V_U = \frac{U_2}{U_1}$$

$$\frac{v_U}{dB} = 20 \cdot \lg \frac{U_2}{U_1} = -a_U$$

Stromverstärkung

$$V_I = \frac{I_2}{I_1}$$

$$\frac{v_I}{dB} = 20 \lg \frac{I_2}{I_1}$$

4.5.29 Pegel

Leistungspegel

$$\frac{L_P}{dB} = 10 \lg \frac{P}{P_0}$$

Spannungspegel

$$\frac{L_U}{dB} = 20 \lg \frac{U}{U_0}$$

Absoluter Pegel

Für Antennenanlagen bezogen auf einem Generator mit den Werten:

$U_0 = 1\ \mu V$ an $75\ \Omega \triangleq 0dB\,\mu V$

Bei gleicher Leistung entspricht:

$1\ \mu V$ an $75\ \Omega \triangleq 2\,\mu V$ an $300\ \Omega$

Für kommerzielle Übertragungssysteme bezogen auf einen Generator mit den Werten:

$P_0 = 1\ mW$ an $600\ \Omega$;   ergibt:
$U_0 = 0{,}775\ V$ und $I_0 = 1{,}292\ mA$

Wichtige dB-Werte:

Leistungsverhältnis

$1\ dB = \sqrt[10]{10} = 10^{\frac{1}{10}} = 10^{0,1} \approx 1{,}259 \approx 1{,}26$
je 10 dB mehr $\triangleq$ Faktor 10
je 10 dB weniger $\triangleq$ Faktor 0,1

Spannungs- bzw. Strom-Verhältnisse

$1\ dB = \sqrt[20]{10} = 10^{\frac{1}{20}} = 10^{0,05} \approx 1{,}122 \approx 1{,}12$
je 20 dB mehr $\triangleq$ Faktor 10
je 20 dB weniger $\triangleq$ Faktor 0,1

$V_U = \dfrac{U_2}{U_1}$; $V_I = \dfrac{I_2}{I_1}$	$\dfrac{v}{dB}$
0,5	≈ -6
$\dfrac{1}{\sqrt{2}}$	≈ -3
1	0
$\sqrt{2}$	≈ 3
2	≈ 6
$\approx 3{,}2$	10
10	20
100	40

Umrechnung dB $\rightleftarrows$ Neper

1 dB $\triangleq$ 0,1151 Np
1 Np $\triangleq$ 8,686 dB

4.5.30 Skineffekt

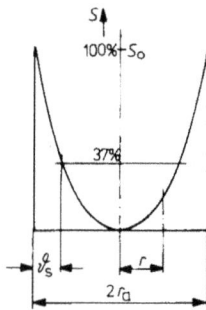

$$S = S_0 \cdot e^{-\frac{r_a - r}{\vartheta_S}} \qquad r \leqslant r_a$$

$$S_{\vartheta_S} = S_0 \cdot e^{-1}$$

$$\vartheta_S = \frac{500}{\sqrt{\mu_r \cdot \kappa \cdot f}}$$

S = Stromdichte in A mm^{-2}

S_0 = Stromdichte an der Leiteroberfläche in A mm^{-2}

r_a = $\dfrac{d}{2}$ = Außenradius des Leiters in mm

r = gewählter Radius in mm

ϑ_S = Eindringtiefe in μm

$S_{\vartheta S}$ = $0{,}37 \cdot S_0$

e = 2,718282

μ_r = Permeabilität des Leiterwerkstoffes ≈ 1 (Cu, Al)

κ = Leitfähigkeit des Leiterwerkstoffes

(Werte s. 4.1.2)

f = Frequenz in MHz

Größe des HF-Widerstandes (f > 10 MHz)

R_{HF} = $R \cdot n$ R_{HF} = HF-Widerstand des Leiters in Ω

n = $k \cdot d \cdot \sqrt{f}$

k = $\dfrac{\sqrt{\kappa \cdot \mu_r}}{2}$ R = $\dfrac{l}{\kappa \cdot A}$ = Leiterwiderstand in Ω

k_{Cu} = 3,75

k_{Ag} = 3,95 d = Leiterdurchmesser in mm

n = Vergrößerungsfaktor

k = Werkstoffkonstante

Cu → Kupfer

Ag → Silber

4.5.31 Rauschen

Widerstandsrauschen P_n = Rauschleistung in W

k = Boltzmann-Konstante

P_n = $4 \cdot k \cdot T \cdot \Delta f$ = $1,38 \cdot 10^{-23}$ Ws K^{-1}

U_{nw} = $\sqrt{P_n \cdot R_n}$ =

= $\sqrt{4 \cdot k \cdot T \cdot \Delta f \cdot R_n}$ T = Absolute Temperatur in K

I_{nw} = $\sqrt{P_n \cdot G_n}$ = Δf = Bandbreite in Hz

= $\sqrt{4 \cdot k \cdot T \cdot \Delta f \cdot G_n}$ R_n = Rauschender Widerstand in Ω

G_n = $\dfrac{1}{R_n}$ = Leitwert des rauschenden Widerstandes in S

4.5.32 Verstärkerrauschen

Ersatzbild des Verstärkers mit treibendem Generator

U_{nw} = Rauschspannung in V (Am Widerstand, bzw. bei Verstärkern am Innenwiderstand R_{in} des treibenden Generators)

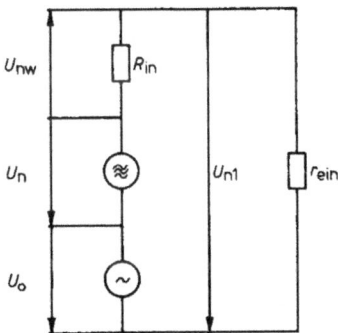

I_{nw} = Rauschstrom in A (wie bei U_{nw})

R_{in} = Innenwiderstand des treibenden Generators in Ω

r_{ein} = Dynamischer Eingangswiderstand des Verstärkers in Ω

$$P_n = \frac{U_n^2}{R_{in}} = 4 \cdot k \cdot T \cdot \Delta f \cdot F$$

$$U_n = \sqrt{4 \cdot k \cdot T \cdot \Delta f \cdot R_{in} \cdot F}$$

$$U_{n1} = U_n \frac{r_{ein}}{r_{ein} + R_{in}}$$

Bei Rauschanpassung:

$$U_{n1} = \frac{U_n}{2}$$

$$F = \left(\frac{U_n}{U_{nw}}\right)^2$$

$$F' = 10 \lg F$$

$$A = \frac{U_0}{U_n}$$

$$A' = 20 \lg A$$

U_n = die auf den Innenwiderstand des treibenden Generators bezogene Rauschspannung in V

U_{n1} = die am Verstärkereingang wirksame Rauschspannung in V

F = Rauschzahl des Verstärkers (z.B. Transistor) aus Datenbuch.

F' = Rauschmaß in dB

A = Signal-Rauschspannungsverhältnis

A' = Signal-Rauschspannungsabstand in dB

4.5.33 Fremdspannungsabstand

$$D = \frac{U_{2max}}{U_{n2}}$$

$$D' = 20 \lg D$$

U_{2max} = Maximale Ausgangsspannung eines Verstärkers in V

U_{n2} = Restspannung am Verstärkerausgang ohne Eingangssignal in V

D = Fremdspannungsverhältnis

D' = Fremdspannungsabstand in dB

4.5.34 Klirrfaktor periodischer Vorgänge

$$k = \frac{\sqrt{U_2^2 + U_3^2 + \dots U_n^2}}{\sqrt{U_1^2 + U_2^2 + U_3^2 + \dots U_n^2}}$$

$$k = \frac{\sqrt{I_2^2 + I_3^2 + \dots I_n^2}}{\sqrt{I_1^2 + I_2^2 + I_3^2 + \dots I_n^2}}$$

U_1; $U_2 \dots U_n$ und I_1; $I_2 \dots I_n$ = Effektivwerte der Grund- bzw. der Teilschwingungen (1. bis n-te Harmonische) in V bzw. A wenn $k \leqslant 10\%$; wird:

$$k^* \approx \frac{\sqrt{U_2^2 + U_3^2 + ... U_n^2}}{U_1}$$

$$k = \frac{k^*}{\sqrt{k^{*2} + 1}}$$

$$\frac{k}{\%} = k \cdot 100$$

$$k_G = \sqrt{k_1^2 + k_2^2 + ... k_n^2}$$

$$k_n = \frac{U_n}{\sqrt{U_1^2 + U_2^2 + ... U_n^2}}$$

k_G = Gesamtklirrfaktor

k_1; k_2 ... k_n = Teilklirrfaktoren

k_n = Klirrfaktor der n-ten Harmonischen

Verringerung des Klirrfaktors durch Gegenkopplung

$$k' = \frac{k}{1 + K \cdot V_U}$$

k' = durch Gegenkopplung verringerter Klirrfaktor

K = Kopplungsfaktor

V_U = Spannungsverstärkung der Stufe

4.5.35 Wellenwiderstand

Der Wellenwiderstand ist das Verhältnis von Spannung zu Strom einer fortlaufenden Welle bei Anpassung am Ausgang.

$$Z_w = \frac{u}{i}$$

Z_w = Wellenwiderstand in Ω

Wellenwiderstand von Kabeln und Leitungen

$$Z_w = \sqrt{\frac{L'}{C'}}$$

L' = Induktivität je Längenheit

C' = Kapazität je Längeneinheit.

Wellenwiderstand von Schwingkreisen (Kennwiderstand)

$$Z_w = \omega_0 L = \frac{1}{\omega_0 \cdot C} = \sqrt{\frac{L}{C}}$$

ω_0 = Resonanzkreisfrequenz in s^{-1}

L = Schwingkreisinduktivität in H

C = Schwingkreiskapazität in F

4.5.36 Überlagerung und Schwebung

$u = u_1 + u_2$ mit: $\hat{U}$ = Scheitelwert der Wechselspannung in V

$u_1 = \hat{U}_1 \cdot \sin \omega_1 t$ und: $u_2 = \hat{U}_2 \cdot \sin \omega_2 t$

Schwebung wenn: $\hat{U}_1 = \hat{U}_2 = \hat{U}$ und: $\omega_1 \approx \omega_2$

$u = \hat{U}(\sin \omega_1 t + \sin \omega_2 t)$

$$u = 2 \cdot \hat{U} \cdot \sin \frac{\omega_1 + \omega_2}{2} t \cdot \cos \frac{\omega_1 - \omega_2}{2} t$$

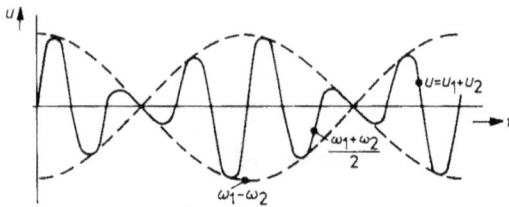

4.5.37 Amplitudenmodulation AM

Zeichen:

$u_Z = \hat{U}_Z \cdot \sin \omega_Z t$

Träger:

$u_T = \hat{U}_T \cdot \sin \omega_T t$

$u_T = \hat{U}_T(1 + m \cdot \sin \omega_Z t) \cdot \sin \omega_T t$

$m = \dfrac{\hat{U}_Z}{\hat{U}_T}$

u_Z = Augenblickswert des Zeichens in V

ω_Z = Zeichenkreisfrequenz in s^{-1}

u_T = Augenblickswert des Trägers in V

ω_T = Trägerkreisfrequenz in s^{-1}

m = Modulationsgrad

m = $1 \triangleq 100\%$ Modulation

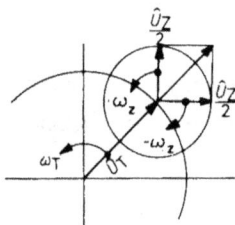

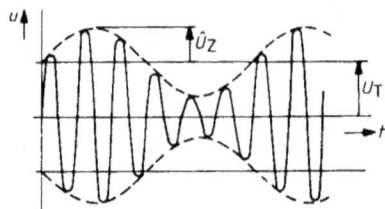

Frequenzspektrum:

$$u_T = \hat{U}_T \cdot \sin \omega_T t + \frac{\hat{U}_Z}{2} \cdot \cos(\omega_T - \omega_Z)t - \frac{\hat{U}_Z}{2} \cdot \cos(\omega_T + \omega_Z)t$$

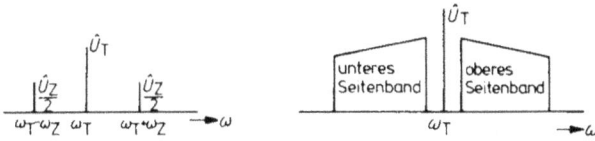

4.5.38 Frequenzmodulation FM

Zeigerbild

$\Delta\omega_T$ = Frequenzhub

η = Modulationsindex

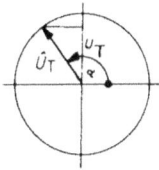

$$u_T = \hat{U}_T \cdot \sin\alpha$$

$$\alpha = \int_0^t \omega_T(t)\,dt$$

$$u_T = \hat{U}_T \cdot \sin\int_0^t \omega_T(t)\,dt \quad \text{mit:} \quad \omega_T(t) = \omega_T + \Delta\omega_T \cdot \cos\omega_Z t \quad \text{wird:}$$

$$u_T = \hat{U}_T \cdot \sin(\omega_T t + \eta \cdot \sin\omega_Z t)$$

$$\eta = \frac{\Delta\omega_T}{\omega_Z}$$

4.6 Starkstromschaltungen

4.6.1 Drehstrom

Sternschaltung

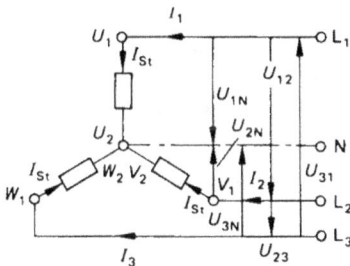

Dreieckschaltung

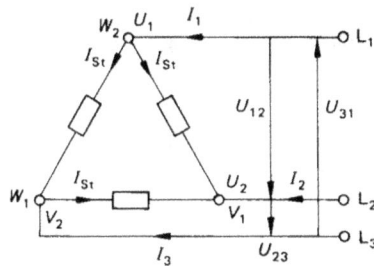

$$I = I_{St}$$
$$U = \sqrt{3} \cdot U_{St}$$

$$U = U_{St}$$
$$I = \sqrt{3} \cdot I_{St}$$

$$P = \sqrt{3} \cdot U \cdot I$$

U = Außenleiterspannung U_{12}, U_{23}, U_{31} in V

U_{St} = Strangspannung U_{1N}, U_{2N}, U_{3N} in V

I = Außenleiterstrom I_1, I_2, I_3 in A

I_{St} = Strangstrom in A

P = Drehstromleistung in W

U_1, V_1, W_1 = Klemmenbezeichnung der Stranganfänge

U_2, V_2, W_2 = Klemmenbezeichnung der Strangenden

L_1, L_2, L_3 = Außenleiterbezeichnung

N   = Mittelleiterbezeichnung

Stern-Dreieck-Umschaltung

$P_\Delta = 3 P_Y$ P_Δ = Drehstromleistung bei Drei-
                                    eckschaltung in W

                                  P_Y = Drehstromleistung bei Stern-
                                    schaltung in W

4.6.2 Leistung bei Wechsel- und Drehstrom

Leistungsdreieck S = Scheinleistung in W

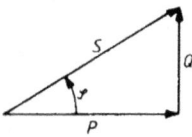

                                Q = Blindleistung in W

                                P = Wirkleistung in W

                                U = Spannung in V

                                I = Strom in A

Wechselstromleistung $\cos \varphi$ = Leistungsfaktor

$S = U \cdot I$ $\sin \varphi$ = Blindleistungsfaktor

$Q = U \cdot I \cdot \sin \varphi$ φ = Phasenwinkel in Grad

$P = U \cdot I \cdot \cos \varphi$

Drehstromleistung

$S = \sqrt{3} \cdot U \cdot I$

$Q = \sqrt{3} \cdot U \cdot I \cdot \sin \varphi$

$P = \sqrt{3} \cdot U \cdot I \cdot \cos \varphi$

4.6.3 Leitungsverluste

Gleichstrom, oder 1-Phasen Wechselstrom

Blindleistungsfrei

$$U_v = \frac{2 \cdot I \cdot l}{\kappa \cdot A}$$

$$u_v = \frac{2 \cdot I \cdot l}{\kappa \cdot A \cdot U} \cdot 100\%$$

$$P_v = \frac{2 \cdot l \cdot P^2}{\kappa \cdot A \cdot U^2}$$

$$p_v = \frac{2 \cdot l \cdot P}{\kappa \cdot A \cdot U^2} \cdot 100\%$$

U_v = Spannungsverlust in V

u_v = Spannungsverlust in %

I = Strom in A

l = Leiterlänge (einfache Entfernung) in m

κ = Leitfähigkeit des Leiterwerkstoffes (Werte s. 4.1.2)

A = Leiterquerschnitt in mm²

P = zu übertragende Leistung in W

1-Phasenwechselstrom mit Blindleistung

$$U_v = \frac{2 \cdot I \cdot l}{\kappa \cdot A} \cdot \cos\varphi$$

$$u_v = \frac{2 \cdot I \cdot l}{\kappa \cdot A \cdot U} \cdot \cos\varphi \cdot 100\%$$

$$P_v = \frac{2 \cdot l \cdot P^2}{\kappa \cdot A \cdot U^2 \cdot \cos^2\varphi}$$

$$p_v = \frac{2 \cdot l \cdot P}{\kappa \cdot A \cdot U^2 \cdot \cos^2\varphi} \cdot 100\%$$

P_v = Leistungsverlust in W

p_v = Leistungsverlust in %

$\cos\varphi$ = Leistungsfaktor

Drehstrom

$$U_v = \sqrt{3} \cdot \frac{l \cdot I}{\kappa \cdot A} \cdot \cos\varphi$$

$$u_v = \sqrt{3} \cdot \frac{l \cdot I}{\kappa \cdot A \cdot U} \cdot \cos\varphi \cdot 100\%$$

$$P_v = \frac{l \cdot P^2}{\kappa \cdot A \cdot U^2 \cdot \cos^2\varphi}$$

$$p_v = \frac{l \cdot P}{\kappa \cdot A \cdot U^2 \cdot \cos^2\varphi} \cdot 100\%$$

Bem.: Bei blindleistungsfreier Belastung ist $\cos\varphi = 1$

4.6.4 Synchrondrehzahlen von Elektromotoren

$$n = \frac{60 \cdot f}{p}$$

n = Drehzahl in $\min^{-1}$

f = Netzfrequenz in Hz

p = Polpaarzahl

4.6.5 L-Kompensation

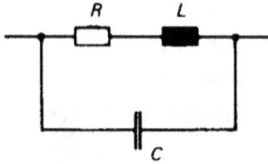

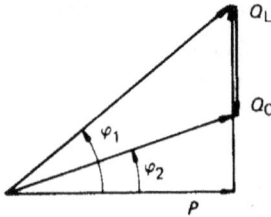

$Q_C = P(\tan \varphi_1 - \tan \varphi_2)$

$C = \dfrac{Q_C}{\omega \cdot U^2} \cdot 10^9$

$C = 66 \cdot Q_C$ bei 220 V

$C = 22 \cdot Q_C$ bei 380 V

$C = 12{,}74 \cdot Q_C$ bei 500 V

$\cos \varphi_1$ = Vorhandener Leistungsfaktor

$\cos \varphi_2$ = Erwünschter Leistungsfaktor

φ_1 = Phasenwinkel vor der
Kompensation in Grad

φ_2 = Erwünschter Phasenwinkel
in Grad

Q_C = Blindleistung des Kompen-
sationskondensators in kvar

C = Kompensationskondensa-
tor in μF

U = Netzspannung in V

ω = Netz-Kreisfrequenz in s^{-1}

5. Halbleiter und Röhren

5.1 Dioden und deren Schaltungen

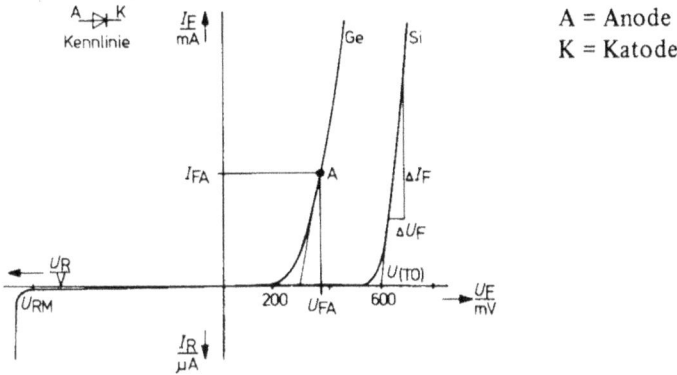

A = Anode
K = Katode

Für kleine Ströme gilt:

$$I_F = I_S \left(e^{\frac{U_F}{U_T}} - 1\right)$$

U_F = Durchlaßspannung in V
I_F = Durchlaßstrom in A
U_R = Sperrspannung in V
U_{RM} = Maximale Sperrspannung in V
I_S = Theoret. Sperrstrom in A
I_R = Sperrstrom in A
$U_{(TO)}$= Schleusenspannung in V
U_T = Temperaturspannung in V

Kennwerte:

Ge-Dioden	Si-Dioden
$U_{(TO)} \approx 200 \dots 400$ mV	$500 \dots 800$ mV
$I_S \quad \approx 100$ nA	≈ 10 pA

$$U_T = 26 \, (30 \dots 40) \, \text{mV}$$
$$\Delta U_F \approx 60 \dots 120 \, \text{mV für 10-fachen Strom}$$
$$\Delta \vartheta \approx 10 \, \text{grd für 2-fachen Sperrstrom}$$

$$R_F = \frac{U_{FA}}{I_{FA}}$$

$$r_f = \frac{\Delta U_F}{\Delta I_F}$$

U_{FA} = Spannung im Arbeitspunkt in V

I_{FA} = Strom im Arbeitspunkt in A

R_F = Dioden-Gleichstromwiderstand in Ω

r_f = Differentieller Widerstand (Wechselstrom-W.) in Ω

Belastbarkeit

P = Verlustleistung in W

$$P = \frac{\vartheta_J - \vartheta_U}{R_{thJU}} \leqslant P_{tot}$$

P_{tot} = Maximal zulässige Verlustleistung in W

$$P = U_F \cdot I_F$$

ϑ_J = Sperrschichttemperatur in °C

ϑ_U = Umgebungstemperatur in °C

R_{thJU} = Wärmewiderstand zwischen Sperrschicht und umgebender Luft in KW^{-1}

5.2 Gleichrichterschaltungen

5.2.1 Einwegschaltung

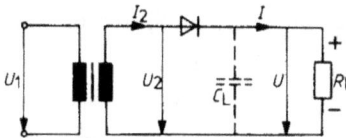

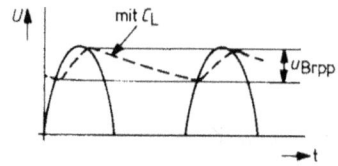

$u_{Brpp} \approx 3,5\, u_{Br}$

	Widerstandslast	Gegenspannung (mit C_L)
U_2	$\approx 2,3\, U$	$\approx 0,9\, U$
I_2	$\approx 1,6\, I$	$\approx 2,0\, I$
S_2	$> 3,2\, P$	$> 1,8\, P$
u_{Br}	$\approx 1,2\, U$	$\geqslant 0,05\, U$
U_{RM}	$> 3,5\, U$	$> 2,7\, U$
I_F	$> I$	$> I$
$\dfrac{C_L}{\mu F}$	–	$\approx 5 \cdot \dfrac{I/mA}{u_{Br}/V}$

U = Gleichspannung in V

I = Gleichstrom in A

U_2 = Transformatorausgangsspannung in V

I_2 = Transformatorausgangsstrom in A

S_2 = Ausgangsnennscheinleistung des Transformators in W

$$P = U \cdot I = \frac{U^2}{R_L} = I^2 \cdot R_L$$

u_{Br} = Brummspannung (Effektivwert) in V

U_{RM} = Auftretende Spitzensperrspannung in V

I_F = Diodenstrom in A

C_L = Ladekondensator in μF

R_L = Lastwiderstand in Ω

Berechnung des Netztransformators s. 5.3.1 ... 3
Berechnung der Siebglieder s. 5.3.4 und 5.3.5

5.2.2 Mittelpunktsschaltung

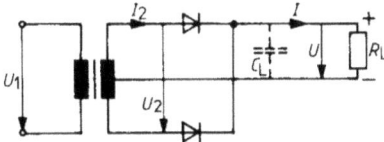

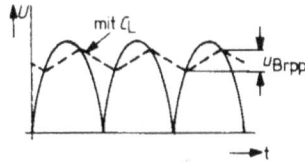

$$u_{Brpp} \approx 3,5 \, u_{Br}$$

	Wider-standslast	Gegen-spannung (mit C_L)
U_2	$\approx 2,3 \, U$	$\approx 1,8 \, U$
I_2	$\approx 0,8 \, I$	$\approx I$
S_2	$\approx 1,5 \, P$	$> 1,5 \, P$
u_{Br}	$\approx 0,5 \, U$	$\geqslant 0,05 \, U$
U_{RM}	$> 3,5 \, U$	$> 2,5 \, U$
I_F	$> 0,5 \, I$	$> 0,5 \, I$
$\dfrac{C_L}{\mu F}$	$-$	$\approx 2 \cdot \dfrac{I/\mathrm{mA}}{u_{Br}/\mathrm{V}}$

5.2.3 Brückenschaltung

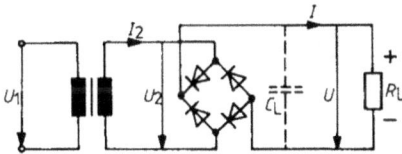

Kurvenverlauf:
s. Mittelpunktsschaltung

	Wider- standslast	Gegen- spannung (mit C_L)
U_2	$\approx 1{,}2\,U$	$\approx 0{,}9\,U$
I_2	$\approx I$	$\approx 1{,}5\,I$
S_2	$> 1{,}2\,P$	$> 1{,}4\,P$
u_{Br}	$\approx 0{,}5\,U$	$\geqslant 0{,}05\,U$
U_{RM}	$> 1{,}7\,U$	$> 1{,}3\,U$
I_F	$> 0{,}5\,I$	$> 0{,}5\,I$
$\dfrac{C_L}{\mu F}$	$-$	$\approx 2 \cdot \dfrac{I/\mathrm{mA}}{u_{Br}/\mathrm{V}}$

5.2.4 Mittelpunktsschaltung für zwei symmetrische Ausgangsspannungen

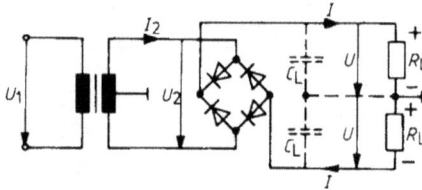

Kurvenverlauf:
s. Mittelpunktsschaltung

	Wider- standslast	Gegen- spannung (mit C_L)
U_2	$\approx 2{,}3\,U$	$\approx 1{,}8\,U$
I_2	$\approx 1{,}1\,I$	$\approx 1{,}5\,I$
S_2	$> 2{,}5\,P$	$> 2{,}8\,P$
u_{Br}	$\approx 0{,}5\,U$	$\geqslant 0{,}05\,U$
U_{RM}	$> 3{,}5\,U$	$> 2{,}5\,U$
I_F	$> 0{,}5\,I$	$> 0{,}5\,I$
$\dfrac{C_L}{\mu F}$	$-$	$\approx 2 \cdot \dfrac{I/\mathrm{mA}}{u_{Br}/\mathrm{V}}$

5.2.5 Vervielfacher-(Kaskaden-)Schaltung (nach Villard)

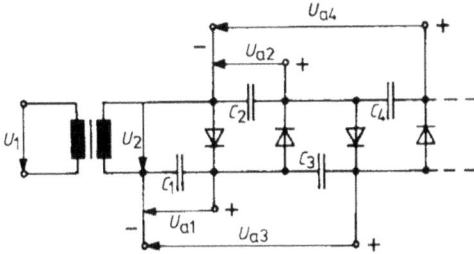

$$U_{an} \approx n \cdot 1{,}1 \cdot U_2$$

$$u_{Br} \geqslant 0{,}05 \, U_a$$

$$U_{RM} > 3{,}5 \, U_{a1}$$

$$u_{Br1} \approx u_{Br2} \approx 5 \cdot \frac{I/mA}{C/\mu F}$$

$$u_{Br3} \approx u_{Br4} \approx 3{,}5 \cdot u_{Br1}$$

$$u_{Br5} \approx u_{Br6} \approx 7 \cdot u_{Br1}$$

U_{an} = Ausgangsgleichspannung einer
$\quad$ n-stufigen Kaskade in V

U_{a1} = Ausgangsgleichspannung der
$\quad$ ersten Stufe in V

sonstige Größen: s. Einwegschaltung

$$C = C_1 = C_2 = \dots C_n$$

5.3 Unstabilisiertes Netzteil

5.3.1 Transformator

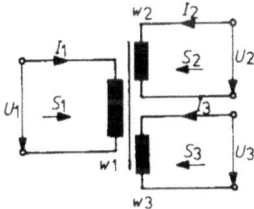

$U_1 \dots U_n$ = Wechselspannungen in V

$I_1 \dots I_n$ = Wechselströme in A

$S_1 , \dots S_n$ = Scheinleistungen in **W**

η = Wirkungsgrad des
$\quad$ Transformators

$$S = U \cdot I$$

$$S_1 = \frac{S_2 + S_3 + \dots}{\eta}$$

$\dfrac{S}{W}$	η
5 ... 50	0,6 ... 0,8
50 ... 200	0,8 ... 0,9
> 200	0,92

Wenn an der Sekundärseite eine Gleichrichterschaltung mit Ladekondensator angeschlossen ist, erhöht sich die Sekundärleistung:

$$S = n \cdot U \cdot I$$

Schaltung	n	
	R-Last	Gegenspannung
E	3,2	1,8
M	1,5	1,5
B	1,2	1,4

n = Vergrößerungsfaktor
U = Gleichspannung in V
I = Gleichstrom in A

$$A_E \approx \sqrt{S_1}$$

$$w_1 \approx 38 \cdot \frac{U_1}{A_E}$$

$$w_n \approx 42 \cdot \frac{U_n}{A_E}$$

A_E = Eisenquerschnitt in cm²

w_1 = Windungszahl der Primär-
wicklung für $B = 1,2$ T

w_n = Windungszahl einer Sekun-
därwicklung für $B = 1,2$ T

5.3.2 Drahtdurchmesser

$$S = \frac{I}{A} = \frac{4 \cdot I}{d^2 \pi}$$

$$d = \sqrt{\frac{4 \cdot I}{\pi \cdot S}}$$

S = Stromdichte in A mm^{-2},
I = Strom in der Wicklung in A
A = Drahtquerschnitt in mm²
d = Drahtdurchmesser in mm

Stromdichte $S = 1 \ldots 4$ A mm^{-2} üblich.
Weiter außen liegende Wicklungen können mit höherer Stromdichte als
innenliegende ausgelegt werden.

Stromdichte A mm^{-2}	Draht ⌀ mm
1	$d \approx 1,13 \cdot \sqrt{I}$
2	$d \approx 0,8 \cdot \sqrt{I}$
2,5	$d \approx 0,72 \cdot \sqrt{I}$
3	$d \approx 0,65 \cdot \sqrt{I}$
4	$d \approx 0,56 \cdot \sqrt{I}$

Bei angeschlossener Gleichrichterschaltung muß der Strom über die erhöhte
Scheinleistung berechnet werden (siehe Transformatorformeln)

5.3.3 Wickelraum

$$A_{\mathrm{w}} = \frac{1}{q}\,(w_1 \cdot A_1 + w_2\,A_2 + \dots w_n \cdot A_n)$$

A_{w} = Effektiver Wickelquer-
= schnitt in mm²

$q \approx 0{,}6$ = Wickelfaktor

$w_1 \dots w_n$ = Windungszahlen

$A_1 \dots A_n$ = Drahtquerschnitte
in mm²

5.3.4 Siebung mit RC-Glied

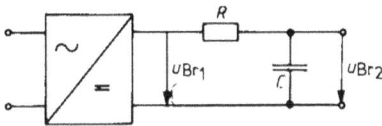

$$S = \frac{u_{\mathrm{Br1}}}{u_{\mathrm{Br2}}}$$

Voraussetzung $R \gg X_{\mathrm{C}}$

$$S = \omega \cdot R \cdot C$$

$$u_{\mathrm{Br}} \approx \frac{u_{\mathrm{Brpp}}}{3{,}5}$$

S = Siebfaktor

u_{Br1} = Brummspannung am Eingang des Siebgliedes in V

u_{Br2} = Brummspannung am Ausgang des Siebgliedes in V

u_{Brpp} = Doppelter Spitzenwert der
Brummspannung in V

ω = Kreisfrequenz der Brummspannung in s⁻¹

Einwegschaltung $\omega = 2\,\pi \cdot 50\ \mathrm{s}^{-1}$
B- oder M-Schaltung $\omega = 2\,\pi \cdot 100\ \mathrm{s}^{-1}$

5.3.5 Siebung mit LC-Glied

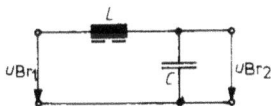

Voraussetzung $X_{\mathrm{L}} \gg X_{\mathrm{C}}$

$$S = \omega^2 \cdot L \cdot C$$

Gesamtsiebfaktor mehrer Siebglieder (z.B. bei Verstärkern).

$$S_G = S_1 \cdot S_2 \cdot S_3 \ldots$$

Für einfache Gleichstromnetzteile verwendet man meist ein RC- bzw. LC-Glied.

5.4 Z-Dioden zur Stabilisierung

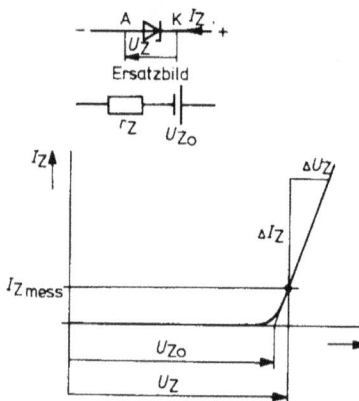

A	= Anode
K	= Katode
r_Z	= differentieller Z-Widerstand in Ω
U_Z	= Z-Nennspannung in V
U_{Z0}	= Z-Spannung für $I_Z = 0$ in V
I_{Zmess}	= Meßstrom zur Bestimmung der Z-Dioden-Nennspannung in V
I_Z	= Z-Strom in A

$$r_Z = \frac{\Delta U_Z}{\Delta I_Z}$$

Belastbarkeit:

$$P = \frac{\vartheta_J - \vartheta_U}{R_{thJU}} \leqslant P_{tot}$$

$$P = U_Z \cdot I_Z$$

P	= Verlustleistung in W
P_{tot}	= Maximal zulässige Verlustleistung in W
ϑ_J	= Sperrschichttemperatur in °C
ϑ_U	= Umgebungstemperatur in °C
R_{thJU}	= Wärmewiderstand zwischen Sperrschicht und umgebender Luft in $K\,W^{-1}$
α	= Temperaturkoeffizient in K^{-1}

$$U_{Zwarm} = U_Z + U_Z \cdot \alpha \cdot \Delta\vartheta$$

$$\Delta\vartheta = \vartheta_J - 25°$$

5.4.1 Spannungs-Stabilisierung mit Z-Dioden

Schaltung:

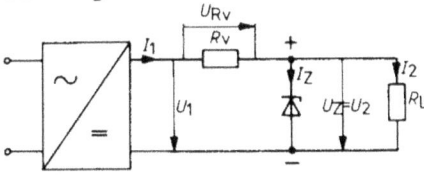

Überschlägig gilt:

$$I_{Zmax} = \frac{P_{tot}}{U_Z}$$

$$I_2 \leqslant 0,8 \cdot I_{Zmax}$$

$$U_1 \approx 2 \cdot U_2$$

$$R_v \approx \frac{U_{Rv}}{I_2}\bigg|_{I_Z \to 0} \approx \frac{U_Z}{I_Z}\bigg|_{I_2 \to 0}$$

Allgemein gilt:

$$I_{Zmax} = \frac{U_{1max} - U_Z}{R_v} - I_2$$

$$R_v = \frac{U_{1min} - U_Z}{I_{Zmin} + I_2}$$

$$P \approx U_Z \cdot I_{Zmax} \leqslant P_{tot}$$

U_1 = Eingangs-(Netz-)Spannung in V

U_2 = Ausgangs-(Last-)Spannung in V

U_Z = Z-Diodenspannung in V

I_1 = Eingangsstrom in A

I_2 = Laststrom in A

U_{1max} = Größtmögliche auftretende Eingangsspannung in V

U_{1min} = Kleinstmögliche auftreten- de Eingangsspannung in V

I_{Zmax} = Größter vorhandener Z-Diodenstrom in A

I_{Zmin} = Kleinster vorhandener Z-Diodenstrom in A

5.4.2 Siebfaktor

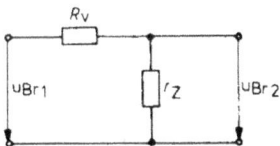

S = Siebfaktor

u_{Br1} = Eingangs-Brummspannung in V

u_{Br2} = Ausgangs-Brummspannung in V

$$S = \frac{u_{Br1}}{u_{Br2}} = \frac{R_v}{r_Z} + 1 ; \qquad \text{wenn } R_v \gg r_Z :$$

$$S \approx \frac{R_v}{r_Z}$$

5.4.3 Glättungsfaktor

$$G = \frac{\Delta U_1}{\Delta U_2}$$

ΔU_1 = Eingangsspannungsschwankung in V

Stabilisierungsfaktor

ΔU_2 = Ausgangsspannungsschwankung in V

$$G' = \frac{\Delta U_1 \cdot U_2}{\Delta U_2 \cdot U_1}$$

5.5 Kapazitätsdiode [3]

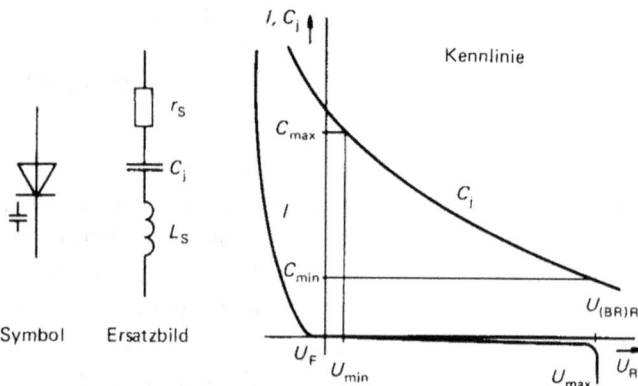

Symbol   Ersatzbild

$$f_0 = \frac{1}{2\pi \sqrt{C_j \cdot L_s}}$$

C_j = Diodenkapazität in pF

f_0 = Serienresonanzfrequenz in Hz

r_s = Serienwiderstand in Ω

$$Q = \frac{1}{2\pi f \cdot C_j r_s}$$

L_s = Serieninduktivität in H

Q = Güte

5.6 Bipolare Transistoren

5.6.1 Transistor-Vierpol (Emitterschaltung)

npn-Typ: pnp-Typ:

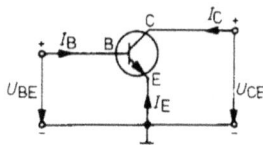

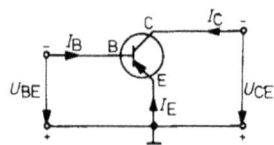

$$I_B + I_C + I_E = 0$$

Dioden-Ersatzbild

Dioden-Ersatzbild

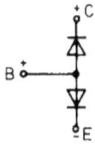

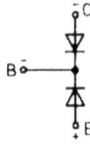

B   = Basis

C   = Kollektor

E   = Emitter

U_{BE} = Basis-Emitterspannung
in V

U_{CE} = Kollektor-Emitterspannung
in V

I_B = Basisstrom in A

I_C = Kollektorstrom in A

I_E = Emitterstrom in A

5.6.2 Kennlinie (Emitterschaltung)

npn-Transistor

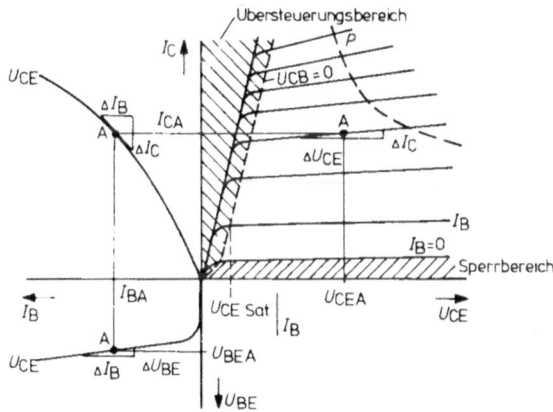

Statische und dynamische Größen
am Arbeitspunkt:

$$R_{BE} = \frac{U_{BEA}}{I_{BA}} \qquad r_{be} = \frac{\Delta U_{BE}}{\Delta I_B}$$

$$B = \frac{I_{CA}}{I_{BA}} \qquad \beta = \frac{\Delta I_C}{\Delta I_B}$$

$$R_{CE} = \frac{U_{CEA}}{I_{CA}} \qquad r_{ce} = \frac{\Delta U_{CE}}{\Delta I_C}$$

U_{BEA}, U_{CEA} = Spannungen am
Arbeitspunkt in V

I_{BA}, I_{CA} = Ströme am Arbeitspunkt in A

R_{BE} = Stat. Eingangswiderstand
in Ω

r_{be} = h_{11e} = Dynam. Eingangswiderstand in Ω

B = Gleichstromverstärkung

β = h_{21e} = Wechselstromverstärkung

R_{CE} = Stat. Innenwiderstand in Ω

$r_{ce} = \dfrac{1}{h_{22e}}$ = Dynam. Innenwiderstand

$U_{CE\,Sat}$ = Kollektor-Emitter-Sättigungsspannung in V

5.6.3 Transistor-Vierpolparameter

h-Parameter   Ersatzbild

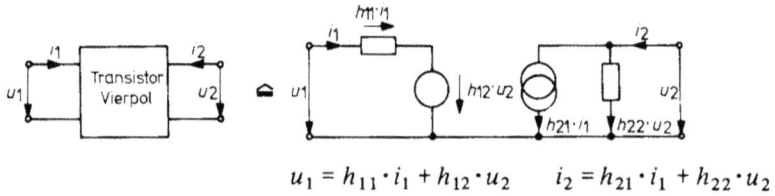

$$u_1 = h_{11} \cdot i_1 + h_{12} \cdot u_2 \qquad i_2 = h_{21} \cdot i_1 + h_{22} \cdot u_2$$

Kennlinienfeld (Emitterschaltung)

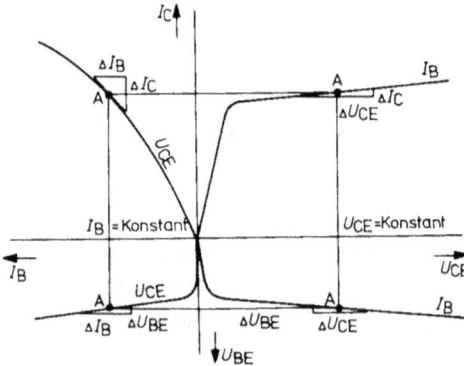

Die y- und die s-Darstellung der Transistoren ist ausführlich in einschlägigen Daten-
büchern beschrieben, so daß hier darauf verzichtet wird.

$$h_{11} = \left.\frac{u_1}{i_1}\right|_{u_2=0} = \left.\frac{\Delta U_{BE}}{\Delta I_B}\right|_{U_{CE}=\text{Konstant}}$$

$$h_{12} = \left.\frac{u_1}{u_2}\right|_{i_1=0} = \left.\frac{\Delta U_{BE}}{\Delta U_{CE}}\right|_{I_B=\text{Konstant}}$$

$$h_{21} = \left.\frac{i_2}{i_1}\right|_{u_2=0} = \left.\frac{\Delta I_C}{\Delta I_B}\right|_{U_{CE}=\text{Konstant}}$$

$$h_{22} = \left.\frac{i_2}{u_2}\right|_{i_1=0} = \left.\frac{\Delta I_C}{\Delta U_{CE}}\right|_{I_B=\text{Konstant}}$$

$h_{11} = r_{be}$ = Dynam. Transistor-Eingangswiderstand in Ω

h_{12} = Spannungsrückwirkung

$h_{21} = \beta$ = Wechselstromverstärkung

$h_{22} = \dfrac{1}{r_{ce}}$ = Dynam. Transistor-Ausgangsleitwert in S

Umrechnung der h-Parameter für andere Arbeitspunkte

$$\left.h\right|_{U_{CE}, I_C} = \left.h\right|_{AP} \cdot H_{e(U_{CE})} \cdot H_{e(I_C)}$$

$\left.h\right|_{U_{CE}, I_C}$ = Neue Parameter $h_{11}, h_{12}, h_{21}, h_{22}$ für U_{CE}, I_C

$\left.h\right|_{AP}$ = Im Datenblatt für bestimmten Arbeitspunkt ausgedruckte Werte

$H_{e(U_{CE})}$ = Korrekturfaktor aus U_{CE}-Kennlinie

$H_{e(I_C)}$ = Korrekturfaktor aus I_C-Kennlinie

5.7 Analoge, aktive Schaltungen mit bipolaren Transistoren

5.7.1 Arbeitspunkteinstellung mit Stromgegenkopplung

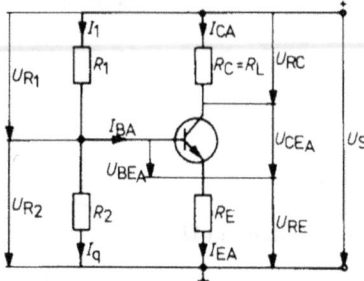

<table>
<tr><td>

$U_S \;=\; U_{R_1} + U_{R_2}$

$U_S \;=\; U_{RC} + U_{CEA} + U_{RE}$

$U_{R_2} = U_{BEA} + U_{RE}$

$I_1 \;\;= I_{BA} + I_q$

$I_q \;\;= 2 \dots 10 \cdot I_{BA}$

$I_{EA} \approx I_{CA}$

$I_{BA} \;= \dfrac{I_{CA}}{B}$

$R_1 \;\;= \dfrac{U_{R_1}}{I_1} = \dfrac{U_S - U_{R_2}}{I_1}$

$R_2 \;\;= \dfrac{U_{R_2}}{I_q} = \dfrac{U_{BEA} + U_{RE}}{I_q}$

$R_C \;\;= \dfrac{U_{RC}}{I_{CA}} = \dfrac{U_S - (U_{CEA} + U_{RE})}{I_{CA}}$

$R_E \;\;\approx \dfrac{U_{RE}}{I_{CA}}$

</td><td>

U_S = Betriebsspannung in V

U_{BEA} = Basis-Emitterspannung am Arbeitspunkt in V

U_{CEA} = Kollektor-Emitterspannung am Arbeitspunkt in V

I_{BA}, I_{CA}, I_{EA} = Basis-Kollektor-Emitterstrom am Arbeitspunkt in A

I_q = Querstrom durch den Basisspannungsteiler in A

B = Gleichstromverstärkung

R_1, R_2 = Basisteilerwiderstände in Ω

R_C = Kollektorwiderstand = Arbeitswiderstand in Ω

R_E = Emitterwiderstand (zur Arbeitspunkteinstellung) in Ω

</td></tr>
</table>

5.7.2 Arbeitspunkteinstellung mit Spannungsgegenkopplung

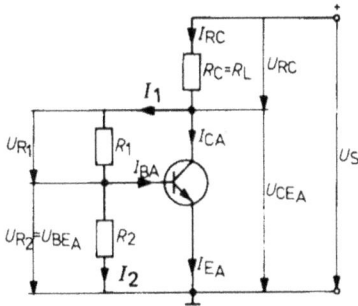

$$U_S = U_{RC} + U_{CEA} = I_{RC} \cdot R_C + U_{CEA}$$

$$I_{RC} = I_{CA} + I_1 = I_{CA} + I_q + I_{BA}$$

$$I_1 = I_q + I_{BA}$$

$$I_q = 2 \dots 10 \cdot I_{BA}$$

$$I_{BA} = \frac{I_{CA}}{B}$$

wenn $I_1 < 0{,}1 \cdot I_{CA}$:

$$I_{RC} \approx I_{CA}$$

$$R_C = \frac{U_{RC}}{I_{RC}} \approx \frac{U_{RC}}{I_{CA}} \approx \frac{U_S - U_{CEA}}{I_{CA}}$$

$$R_1 = \frac{U_{R1}}{I_1} = \frac{U_{CEA} - U_{BEA}}{I_1}$$

$$R_2 = \frac{U_{R2}}{I_q} = \frac{U_{BEA}}{I_q}$$

5.7.3 Transistor als Verstärker (Emitterschaltung)

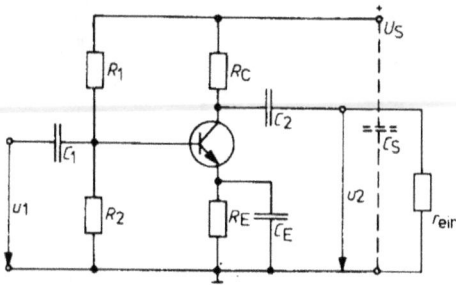

Annahme:
Die Kondensatoren C_1, C_2, C_E, C_S stellen für das zu übertragende Frequenzband Kurzschlüsse dar.
Berechnung dieser Kondensatoren s. 5.15.1.

Wechselstromersatzbild:

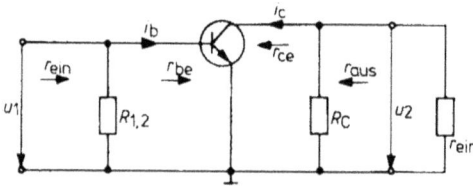

$$\frac{1}{r_{ein}} = \frac{1}{R_1} + \frac{1}{R_2} + \frac{1}{r_{be}}$$

$$r_{aus} = \frac{r_{ce} \cdot R_C}{r_{ce} + R_C} \; ; \quad \text{wenn} \quad r_{ce} \gg R_C :$$

$$r_{aus} \approx R_C$$

Unter Berücksichtigung des Eingangswiderstandes der folgenden Stufe wird der resultierende Lastwiderstand:

$$R_L \approx R_C \| r_{ein}$$

$$R_L \approx \frac{R_C \cdot r_{ein}}{R_C + r_{ein}}$$

U_S = Betriebsspannung in V

u_1 = Eingangsspannung in V

u_2 = Ausgangsspannung in V

C_1, C_2 = Koppelkondensatoren in F

C_E = Emitterkondensator in F

C_S = Siebkondensator im Netzteil in F

R_1, R_2 = Basisteilerwiderstände in Ω

R_C = Arbeitswiderstand in Ω

R_E = Emitterwiderstand in Ω

r_{ein} = Dynamischer Gesamteingangswiderstand der Schaltung in Ω

r_{be} = h_{11e} = Dynamischer Transistoreingangswiderstand in Ω

r_{ce} = Dynamischer Transistorausgangswiderstand in Ω

r_{aus} = Dynamischer Gesamtausgangswiderstand der Schaltung in Ω

i_b = Basiswechselstrom in A

i_C = Kollektorwechselstrom in A

R_L = Resultierender Lastwiderstand in Ω

Eingangswiderstand (nach dem π-Ersatzschaltbild der Emitterschaltung von Giacoletto)

$$r_{diff} = \frac{U_T}{I_E}$$

$$r_E = r_{diff} + r_B$$

$$r_E \approx \frac{\Delta U_{BE}}{\Delta I_E} \approx \frac{\Delta U_{BE}}{\Delta I_C}$$

$$r_{be} \approx \beta \cdot r_E = h_{11e}$$

r_{diff} = Differentieller Widerstand der Emitterdiode in Ω

U_T = 26 mV (bei 25 °C) = Temperaturspannung

$$U_T = \frac{k \cdot T}{e}$$

$k = 1{,}38 \cdot 10^{-23}$ Ws K^{-1} = Boltzmannkonstante

T = absolute Temperatur in K

$e = 1{,}602 \cdot 10^{-19}$ As = Elementarladung eines Elektron

I_E = Diodengleichstrom in Emitterdiode in A

r_E = Emitterwiderstand in Ω

r_B = Basisbahnwiderstand

$r_B \approx 2\,\Omega$ für Vorstufentransistoren

$r_B < 1\,\Omega$ für Leistungstransistoren

$\beta = h_{21_e}$ = Wechselstromverstärkung

Steilheit:

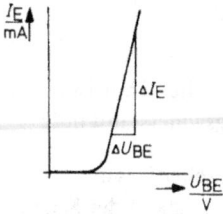

$$S = \text{Steilheit in } \frac{mA}{V}$$

$$S \approx \frac{\Delta I_E}{\Delta U_{BE}} \approx \frac{1}{r_E} \approx \frac{\beta}{r_{be}} \approx \frac{I_E}{U_T}$$

Spannungsverstärkung:

$$V_U = -\frac{u_2}{u_1}$$

$$|V_U| = \frac{u_2}{u_1} \approx \frac{\beta}{r_{be}} \cdot R_C \approx \frac{R_C}{r_E}$$

$$|V_U| \approx S \cdot R_C$$

V_U = Spannungsverstärkung

$|V_U|$ = Betrag der Spannungsverstärkung

5.7.4 Emitterschaltung mit Stromgegenkopplung

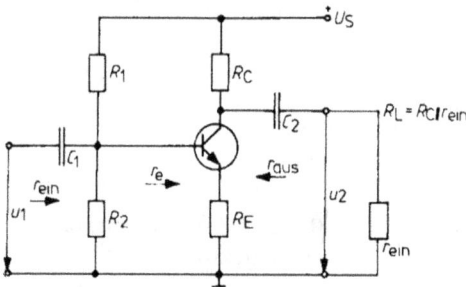

$$r_e \approx \beta(r_E + R_E); \text{ wenn } R_E \gg r_E:$$

$$r_e \approx \beta \cdot R_E$$

$$\frac{1}{r_{ein}} = \frac{1}{R_1} + \frac{1}{R_2} + \frac{1}{r_e}$$

$$r_{aus} \approx R_C; \text{ oder:}$$

$$r_{aus} \approx R_L$$

r_e = Dynam. Eingangswiderstand in Ω

r_{ein} = Dynam. Gesamteingangswiderstand der Schaltung in Ω

$$V'_U = -\frac{u_2}{u_1}$$

$$|V'_U| = \frac{u_2}{u_1} \approx \frac{R_C}{r_E + R_E} \quad ;$$

wenn: $R_E \gg r_E$

$$|V'_U| \approx \frac{R_C}{R_E} \quad ; \quad \text{oder:}$$

$$|V'_U| \approx \frac{R_L}{R_E}$$

r_{aus} = Dynam. Gesamtausgangswiderstand der Schaltung
in Ω

V'_U = Spannungsverstärkung bei
Gegenkopplung

$|V'_U|$ = Betrag der Spannungsverstärkung bei Gegenkopplung

Frequenzgang der Emitterschaltung

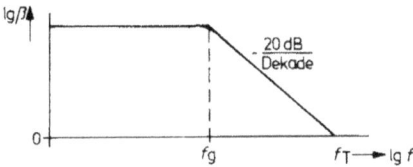

$$f_g \approx \frac{f_T}{\beta}$$

$$\beta_f = \frac{\beta}{\sqrt{1 + \left(\frac{f}{f_g}\right)^2}}$$

β = Wechselstromverstärkung bei
Frequenzen < Grenzfrequenz

β_f = Wechselstromverstärkung bei
der Frequenz f

f = Frequenz in Hz

f_g = Grenzfrequenz in Hz
(-3 dB Abfall)

f_T = Transitfrequenz in Hz ($\beta = 1$)

5.7.5 Emitterschaltung mit Spannungsgegenkopplung

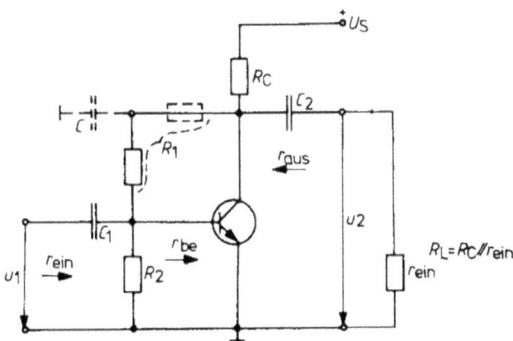

$$r_{\text{ein}} \approx R_2 \| r_{\text{be}} \| \frac{R_1}{V_U} \quad ; \quad \text{oder:} \qquad V_U = -\frac{u_2}{u_1}$$

$$r_{\text{ein}} \approx \frac{R_1}{V_U} \qquad\qquad\qquad |V_U| \approx S \cdot R_C$$

$$r_{\text{aus}} \approx R_C$$
$$r_{\text{aus}} \approx R_L$$

5.7.6 Kollektorschaltung

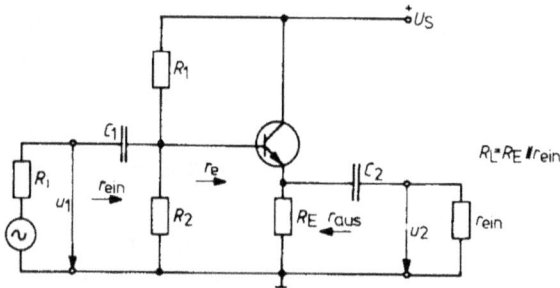

$$r_e \approx \beta(r_E + R_E); \qquad \text{wenn} \quad R_E \gg r_E:$$
$$r_e \approx \beta \cdot R_E ; \quad \text{oder:}$$
$$r_e \approx \beta \cdot R_L$$

$$\frac{1}{r_{\text{ein}}} = \frac{1}{R_1} + \frac{1}{R_2} + \frac{1}{r_e}$$

$$r_{\text{aus}} = R_E \| \left(r_{\text{diff}} + \frac{R_i}{\beta} \right) ; \quad \text{wenn} \quad \frac{R_i}{\beta} \ll r_{\text{diff}} :$$

$$r_{\text{aus}} \approx R_E \| r_{\text{diff}} ; \qquad \text{wenn} \quad R_E \gg \frac{1}{S} :$$

$$r_{\text{aus}} \approx \frac{1}{S}$$

$$V_u' = \frac{u_2}{u_1} \approx 1$$

$$V_u' = \frac{1}{1 + \dfrac{r_{\text{diff}}}{R_E}} \quad ; \quad \text{oder:} \qquad V_U' = \frac{1}{1 + \dfrac{r_{\text{diff}}}{R_L}}$$

5.7.7 Basisschaltung

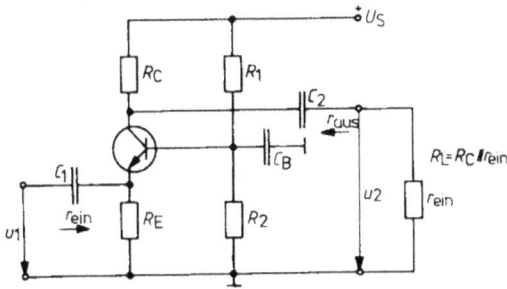

$f_g' =$ Grenzfrequenz der Basisschaltung in Hz

$f_g =$ Grenzfrequenz der Emitterschaltung in Hz

$$r_{ein} = \frac{r_E \cdot R_E}{r_E + R_E} \; ;$$

wenn $R_E \gg r_E$:

$$r_{ein} \approx r_E \approx \frac{1}{S}$$

$$r_{aus} \approx R_C ; \quad \text{oder:}$$

$$r_{aus} \approx R_L$$

$$V_U = \frac{u_2}{u_1} \approx \frac{R_C}{r_E} \; ; \quad \text{oder:}$$

$$V_U \approx \frac{R_L}{r_E}$$

$$V_U \approx S \cdot R_L$$

$$f_g' \approx \beta \cdot f_g$$

5.7.8 Bootstrap-Schaltung

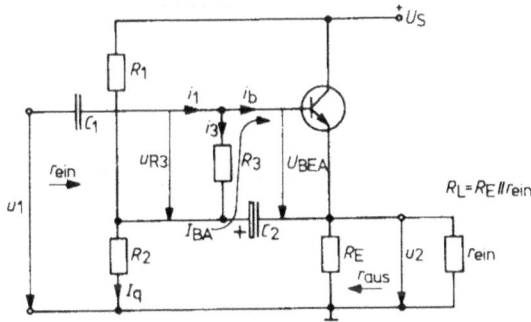

Arbeitspunkteinstellung

$$R_E \approx \frac{U_{REA}}{I_{CA}}$$

$$I_q = 2 \dots 10 \, I_{BA}$$

U_{REA} = Spannungsabfall am Emitterwiderstand i.V

I_{CA} = Kollektorstrom am Arbeitspunkt in A

I_q = Querstrom durch den Spannungsteiler in A

$$I_{BA} = \frac{I_{CA}}{B}$$

$$U_{R2} = U_{REA} + U_{BEA} + U_{R3A}$$

Man macht $U_{R3A} \approx 0,1$ V

$$U_{R1} = U_S - U_{R2}$$

$$R_2 = \frac{U_{R2}}{I_q}$$

$$R_1 = \frac{U_{R1}}{I_q + I_{BA}}$$

$$R_3 = \frac{U_{R3A}}{I_{BA}}$$

$$C_2 \geqslant \frac{1}{0,1 \cdot \omega_g (R_L + R_1 \| R_2)}$$

I_{BA}	= Basisstrom am Arbeits-punkt in A
U_{R1}, U_{R2}	= Spannungsabfälle an den Teilerwiderständen in V
U_{R3A}	= Spannungsabfall an R_3 am Arbeitpunkt in V
C_2	= Bootstrapkondensator in F
ω_g	= $2 \pi f_g$ = Grenz-Kreis-Frequenz in s^{-1}

$$V'_U = \frac{u_2}{u_1} = \frac{1}{1 + \frac{r_{diff}}{R_L}}$$

wenn $R_L \gg r_{diff}$; wird:

$$u_2 \approx u_1; \text{ und:}$$

$$u_{R3} = u_1 - u_2 \approx 0$$

$$i_3 = \frac{u_{R3}}{R_3} \approx 0$$

$$i_b = i_1 - i_3 \approx i_1$$

$$r_{ein} \approx r_e = \beta(r_E + R_L);$$

wenn $\quad R_L \gg r_E$; und:

$$r'_3 = \frac{R_3}{1 - V'_U} \gg r_e; \text{ wird:}$$

$$r_{ein} \approx \beta \cdot R_L \approx \beta \cdot R_L \| R_1 \| R_2;$$

sonst:

$$r_{ein} \approx r_e \| r'_3$$

V'_U	= Spannungsverstärkung
u_1	= Eingangswechselspannung in V
u_2	= Ausgangswechselspannung in V
r_{diff}	= Differentieller Widerstand in Ω
r_E	= Emitterwiderstand in Ω
r_{diff} und r_E: s. 5.7.3	
u_{R3}	= Wechselspannung an R_3
i_b	= Basiswechselstrom in A
i_3	= Wechselstrom durch R_3 in A
i_1	= Eingangswechselstrom in A
r_e	= Dynamischer Eingangswider-stand in Ω
$\beta = h_{21e}$	= Wechselstromverstärkung

$r_{\text{aus}} \approx R_{\text{L}} \parallel r_{\text{diff}}$;   bzw.:

s. Kollektorschaltung

r_3' = Dynamisch wirksamer Ent-
kopplungswiderstand R_3
in Ω

r_{ein} = Dynamischer Gesamteingangswiderstand der Schal-
tung in Ω

r_{aus} = Dynamischer Ausgangswiderstand der Stufe in Ω

5.7.9 Darlington-Schaltung

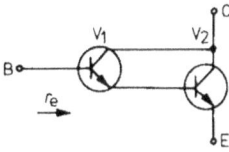

$B_{\text{G}} \approx B_1 \cdot B_2$

$\beta_{\text{G}} \approx \beta_1 \cdot \beta_2$

$r_{\text{e}} = \beta_1 (r_{\text{E}1} + \beta_2 \cdot r_{\text{E}2})$;

wenn $\beta_2 \cdot r_{\text{E}2} \gg r_{\text{E}1}$:

$r_{\text{e}} \approx \beta_1 \cdot \beta_2 \cdot r_{\text{E}2}$

$r_{\text{E}} \approx \dfrac{U_{\text{T}}}{I_{\text{E}}}$

$I_{\text{BA}} \approx \dfrac{I_{\text{CA}}}{B_{\text{G}}}$

$i_{\text{b}} = \dfrac{i_{\text{C}}}{\beta_{\text{G}}}$

B_{G} = Gesamt-Gleichstrom-
verstärkung

B_1, B_2 = Gleichstromverstärkung
von V_1, V_2

β_{G} = Gesamt-Wechselstrom-
verstärkung

β_1, β_2 = Wechselstromverstärkung von V_1, V_2

r_{e} = Dynam. Eingangswiderstand in Ω

r_{E} = Emitterwiderstand in Ω
s. 5.6.3

U_{T} = Temperaturspannung
= 26 mV (bei 25 °C)

$I_{\text{BA}}, I_{\text{CA}}$ = Gleichstrom am Arbeitspunkt

Darlington-Schaltung mit komplementären Transistoren

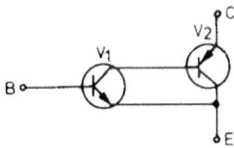

$B_{\text{G}} \approx B_1 \cdot B_2$

$\beta_{\text{G}} \approx \beta_1 \cdot \beta_2$

$r_{\text{e}} = \beta_1 \cdot r_{\text{E}1}$

$r_{\text{E}}, I_{\text{BA}}, i_{\text{b}}$ siehe oben

5.7.10 Optokoppler

Symbole

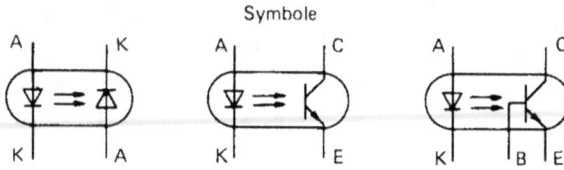

Stromübertragungsverhältnis

$$V_I = \frac{I_{Fot}}{I_F} \qquad\qquad V_I = \frac{I_C}{I_F}$$

Übertragungskennlinie

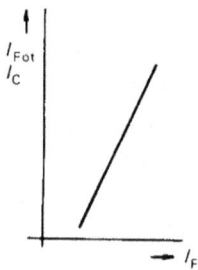

I_F = Durchlaßstrom der Sendediode in A

I_{Fot} = Fotostrom der Empfangsdiode in A

I_C = Kollektorstrom des Fototransistors in A

U_F = Durchlaßspannung der Sendediode in V

U_{CE} = Kollektor-Emitterspannung des Fototransistors in V

Schaltungen
Übertragung von Wechselspannungssignalen

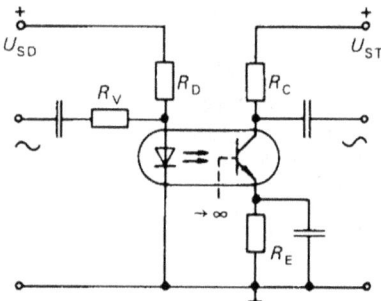

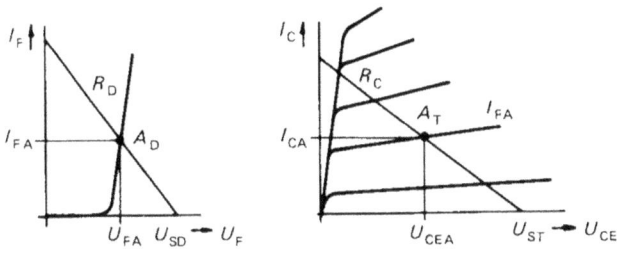

$$R_D = \frac{U_{SD} - U_{FA}}{I_{FA}} \qquad R_C = \frac{U_{ST} - U_{CEA}}{I_{CA}}$$

$$R_V \geq 10\,R_D \qquad R_E = \frac{U_{RE}}{I_{CA}}$$

Kondensatoren s. 5.15

TTL-Ansteuerung [9]

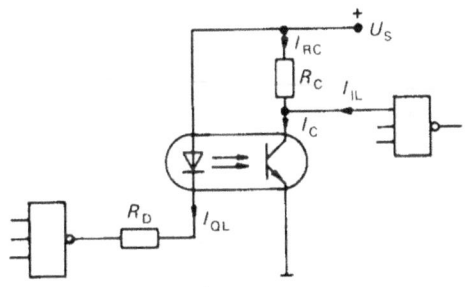

$$R_D = \frac{U_S - U_{QL}}{I_{QL}} \qquad R_C = \frac{U_S - U_{CESat}}{I_{RC}}$$

$$I_C = I_{RC} + I_{IL}$$
$$I_C = V_I \cdot I_{QL}$$

U_{QL} = Ausgangsspannung des TTL-Gliedes im Low-Zustand in V
I_{QL} = Ausgangsstrom des TTL-Gliedes im Low-Zustand in A
I_{IL} = Eingangsstrom des TTL-Gliedes im Low-Zustand in A

5.8 Feldeffekt-Transistoren

5.8.1 Schaltzeichen, Eingangskennlinien und Spannungen

Sperrschicht-FET (JFET)

n-Kanal-Typ

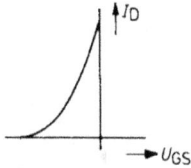 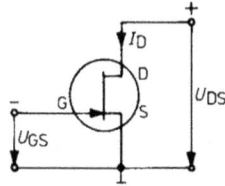

p-Kanal-Typ

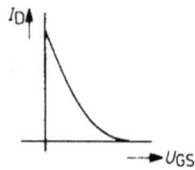 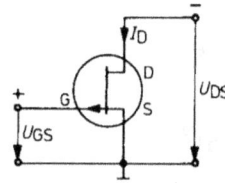

MOS-FET (IG FET)
Anreicherungs-(Enhancement-)Typ
n-Kanal-Typ

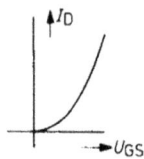 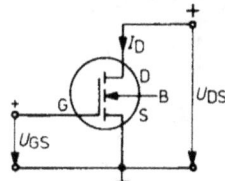

p-Kanal-Typ

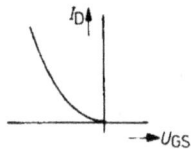 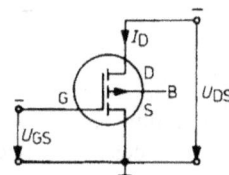

Verarmungs-(Depletion-)Typ

n-Kanal-Typ

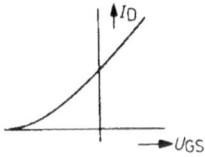 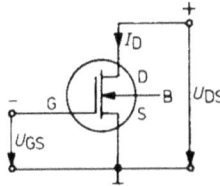

p-Kanal-Typ

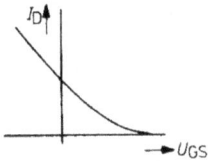 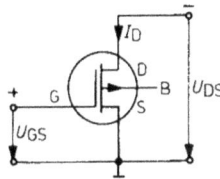

B = Bulk = Substrat U_{DS} = Drain-Source-Spannung in V
G = Gate U_{GS} = Gate-Source-Spannung in V
D = Drain I_D = Drain-Strom in A
S = Source

5.8.2 Kennlinie eines n-Kanal-Sperrschicht FET

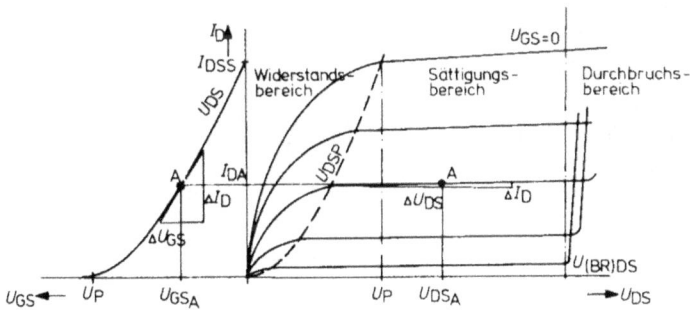

Kennlinien-Gleichungen

$$U_{DSP} = U_{GS} - U_P$$

$$I_D = I_{DSS}\left(1 - \frac{U_{GS}}{U_P}\right)^2$$

bei U_{DS} = konst $\geqslant U_{DSP}$

Dynamische Größen am Arbeitspunkt

$$S = \frac{\Delta I_D}{\Delta U_{GS}}$$

$$r_{ds} = \frac{\Delta U_{DS}}{\Delta I_D}$$

U_{GSA}, U_{DSA} = Spannungen am Arbeitspunkt in V

I_{DA} = Drainstrom am Arbeitspunkt in A

I_{DSS} = Drain-Source-Kurzschlußstrom in A

S = Steilheit in $\frac{mA}{V}$

r_{ds} = Dynam. Innenwiderstand in Ω

U_P = Pinch-off-Spannung in V

$U_{(BR)DS}$ = Durchbruchspannung in V

U_{DSP} = Abschnürspannung in V

5.9 Analoge aktive Schaltungen mit Feldeffekt-Transistoren

5.9.1 Automatische Gate-Vorspannungserzeugung
(Nur bei Verarmungstypen möglich)

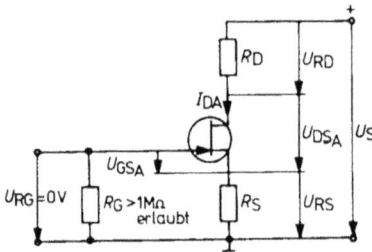

$$U_S = U_{RD} + U_{DSA} + U_{RS}$$
$$U_{RD} = I_{DA} \cdot R_D$$
$$U_{RS} = U_{GSA}$$
$$R_S = \frac{U_{GSA}}{I_{DA}}$$

U_S = Betriebsspannung in V

U_{GSA} = Gate-Source-Spannung am Arbeitspunkt in V

U_{DSA} = Drain-Source-Spannung am Arbeitspunkt in V

I_{DA} = Drain-Source-Strom am Arbeitspunkt in A

5.9.2 Gate-Vorspannungserzeugung durch Spannungsteiler
(Für alle FET-Typen möglich; bei Anreicherungstypen erforderlich)

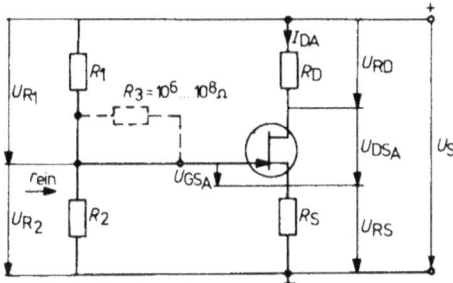

$$U_S = U_{RD} + U_{DSA} + U_{RS}$$

$$U_S = U_{R_1} + U_{R_2}$$

$$U_{RD} = I_{DA} \cdot R_D$$

$$U_{R_2} = U_{RS} \pm U_{GSA}{}^* = I_{DA} \cdot R_S \pm U_{GSA}{}^*$$

$$R_S = \frac{U_{R_2} + U_{GSA}}{I_{DA}}$$

$$r_{ein} \approx \frac{R_1 \cdot R_2}{R_1 + R_2}$$

Der Eingangswiderstand der Schaltung kann beträchtlich erhöht werden, wenn man den Gatespannungsteiler mit einem sehr großen Widerstand R_3 vom Gate entkoppelt. Dann wird:

$$r_{ein} = R_3$$

---

*   + bei Anreicherungstypen
    − bei Verarmungstypen

5.9.3 Source-Schaltung
(gilt für alle FET-Arten; Kap. 5.9.1 u. 5.9.2 beachten)

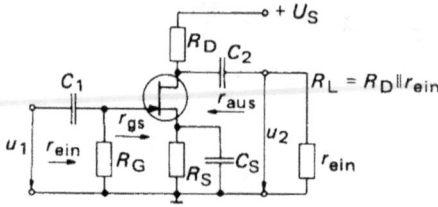

$r_{ein} \approx R_G$ wenn: $r_{gs} \gg R_G$

$r_{aus} \approx R_D$ wenn: $R_D \ll r_{ds}$

$$V_U = -\frac{u_2}{u_1}$$

$$|V_U| = \frac{u_2}{u_1}$$

$$|V_U| = S \cdot \frac{r_{ds} \cdot R_D}{r_{ds} + R_D} \; ;$$

wenn $R_D \ll r_{ds}$:

$|V_U| \approx S \cdot R_D$;   oder:

$|V_U| \approx S \cdot R_L$

U_S = Betriebsspannung in V

U_{GSA}, U_{SA}, U_{GA} = Betriebsgleich-
spannungen im Arbeitspunkt
in V

r_{ein} = Dynam. Eingangswiderstand
in Ω

r_{aus} = Dynam. Ausgangswiderstand
in Ω

r_{gs} = Transistoreingangswiderstand
in Ω

V_U = Spannungsverstärkung

R_L = Lastwiderstand in Ω

5.9.4 Source-Schaltung mit Gegenkopplung
(gilt für alle FET-Arten; Kap. 5.9.1 u. 5.9.2 beachten)

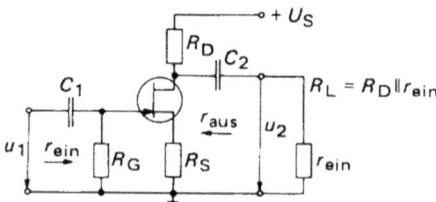

$r_{ein} \approx R_G$ wenn: $r_{gs} \gg R_G$

$r_{aus} \approx R_L$ wenn: $R_L \ll r_{ds}$

wenn $R_D \ll r_{ds}$:

$$|V_U'| \approx \frac{S \cdot R_D}{1 + S \cdot R_S} \; ;$$

$|V_U'|$ = Betrag der Spannungsverstärkung bei Gegenkopp-
lung

wenn $S \cdot R_S > 1$:

$|V'_U| \approx \dfrac{R_D}{R_S}$;   oder:

$|V'_U| \approx \dfrac{R_L}{R_S}$

Berechnung der Koppel- und des Source-Kondensators s. 5.15.2.

5.9.5 Drain-Schaltung
(gilt für alle FET-Arten; Kap. 5.9.1 u. 5.9.2 beachten)

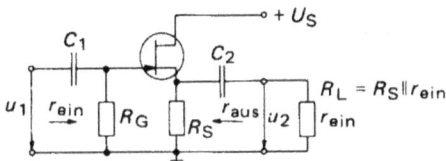

$$V'_U \approx 1$$

$r_{ein} \approx R_G$

$r_{aus} = \dfrac{R_S}{1 + S \cdot R_S}$;

wenn $R_S \gg \dfrac{1}{S}$:

$r_{aus} \approx \dfrac{1}{S}$

5.9.6 Gate-Schaltung
(gilt für alle FET-Arten; Kap. 5.9.1 u. 5.9.2 beachten)

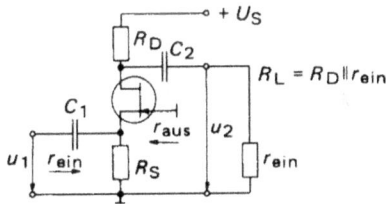

$V_U \approx S \cdot R_D$;   oder:

$V_U \approx S \cdot R_L$

$r_{ein} = \dfrac{R_S}{1 + S \cdot R_S}$;

wenn $R_S \gg \dfrac{1}{S}$:

$r_{ein} \approx \dfrac{1}{S}$

$r_{aus} \approx R_D$

5.10 Operationsverstärker

5.10.1 Schaltungssymbole

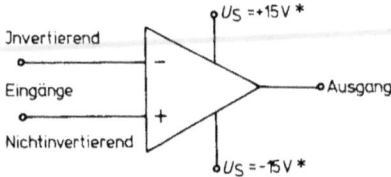

(übliches)   (nach DIN 40900)

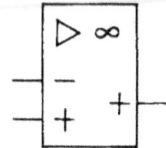

Jnvertierend

Eingänge

Nichtinvertierend

$U_S = +15\,V$ *

$U_S = -15\,V$ *

Ausgang

Für den idealen Operationsverstärker gilt:

$V_{U0} \rightarrow \infty$	Leerlaufspannungsverstärkung
$z_1 \rightarrow \infty$	Eingangsimpedanz in Ω
$z_2 \rightarrow 0$	Ausgangsimpedanz in Ω
$U_D \approx 0$	Differenz-Eingangs-Gleichspannung in V
$\Delta f = 0 \dots \infty$	Frequenzbandbreite in Hz

Die Annahmen gelten für alle Formeln der beschalteten Operationsverstärker

5.10.2 Grundschaltungen und Kennlinien

Invertierende Schaltung   Nichtinvertierende Schaltung

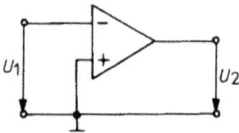

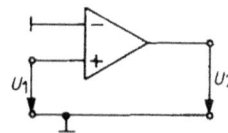

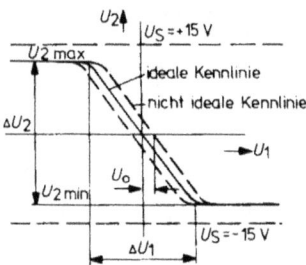

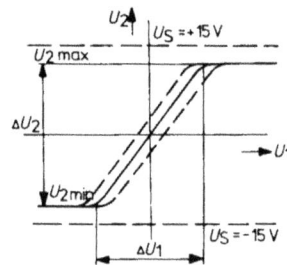

U_1 U_2

U_1 U_2

U_2 $U_S = +15\,V$

$U_{2\,max}$

ideale Kennlinie

nicht ideale Kennlinie

ΔU_2

$\rightarrow U_1$

U_0

$U_{2\,min}$

ΔU_1 $U_S = -15\,V$

U_2 $U_S = +15\,V$

$U_{2\,max}$

ΔU_2

$\rightarrow U_1$

$U_{2\,min}$

ΔU_1 $U_S = -15\,V$

U_0 = Offset-Nullspannungsfehler-
        spannung

5.10.3 Leerlaufspannungsverstärkung

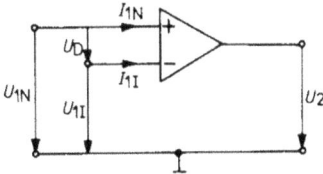

U_D = Differenz-Eingangs-Gleich-
spannung in V

U_{1N} = Eingangsspannung am nicht-
invertierenden Eingang in V

U_{1I} = Eingangsspannung am invertierenden Eingang in V

$$U_D = U_{1N} - U_{1I}$$

$$U_2 = V_{U0} \cdot U_D = V_{U0}(U_{1N} - U_{1I})$$

V_{U0} = Leerlaufspannungsverstär-
kung

$$U_2\big|_{U_{1N}=0} = -V_{U0} \cdot U_{1I}$$

I_B = Eingangsruhestrom in A

I_0 = Eingangsoffsetstrom in A

$$V_{U0} = -\frac{U_2}{U_{1I}}$$

I_{1N} = Eingangsstrom am nichtin-
vertierenden Eingang in A

$$U_2\big|_{U_{1I}=0} = V_{U0} \cdot U_{1N}$$

I_{1I} = Eingangsstrom am invertierenden Eingang in A

$$V_{U0} = \frac{U_2}{U_{1N}}$$

$$I_B = \frac{I_{1N} + I_{1I}}{2} \qquad \text{für } U_{1N} = U_{1I} = 0$$

$$I_0 = I_{1N} - I_{1I} \qquad \text{für } U_{1N} = U_{1I} = 0$$

Meistens ist: $I_0 \approx 0,1\, I_B$

5.10.4 Gleichtaktverstärkung

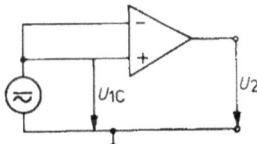

$$V_{UC} = \frac{U_2}{U_{1C}}$$

$$G\big|_{\Delta U_2=0} = \frac{V_{U0}}{V_{UC}}$$

V_{UC} = Gleichtaktspannungsverstärkung

U_{1C} = Gleichtakt-Eingangsspannung in V

G = Gleichtaktunterdrückung

5.10.5 Arbeitspunkteinstellung

Beim realen Operationsverstärker ist $U_2 \neq 0$, wenn man

$U_{1N} = U_{1I} = 0$ macht.

Mit einer Offsetspannung

$U_0 = U_{1N} - U_{1I}$

die zwischen den Eingängen liegen muß, wird $U_2 = 0$.

Operationsverstärker mit Potentiometer für Nullspannungsabgleich

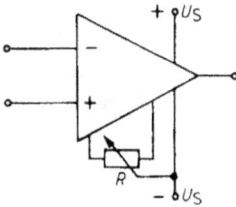

Größe von R aus Datenblättern

Operationsverstärker mit externer Schaltung

Invertierender Verstärker   Nichtinvertierender Verstärker

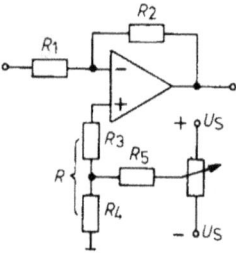

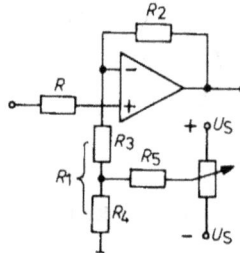

$R \approx R_1 \| R_2$ $R \approx R_1$

Man macht: $R_4 \ll R_3$; $R_5 \approx (10^3 \dots 10^4) \cdot R_4$

---

* Zu Seite 102. Die Anschlüsse für die Stromversorgung ist an den nachfolgenden Schaltungen weggelassen worden, da ihr Vorhandensein zum Betrieb des Operationsverstärkers selbstverständlich ist.

5.11 Analoge, aktive Schaltungen mit Operationsverstärkern

5.11.1 Komparatoren [12]

Grundschaltungen

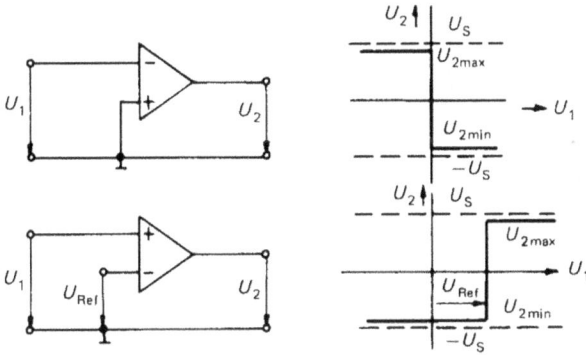

Summationskomparator mit einstellbarer Referenzspannung

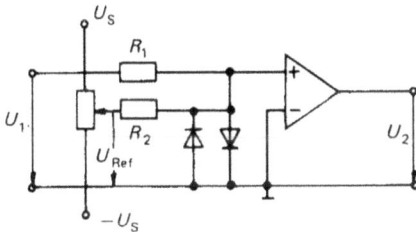

$$\frac{U_1}{R_1} = -\frac{U_{Ref}}{R_2} \qquad U_{Ref} = \text{Referenzspannung in V}$$

Komparatur mit geklemmter Ausgangsspannung

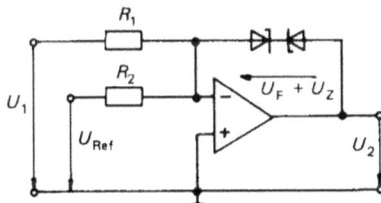

$$U_2 = \pm(U_F + U_Z)$$

5.11.2 Invertierender Verstärker

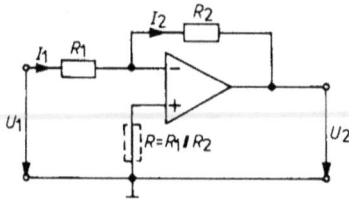

$$V'_U = -\frac{U_2}{U_1} = \frac{R_2}{R_1}$$

V'_U = Spannungsverstärkung bei Gegenkopplung

$$|V'_U| = \frac{U_2}{U_1} = \frac{R_2}{R_1}$$

$|V'_U|$ = Spannungsverstärkung (Betrag)

$r_{ein} = R_1$

r_{ein} = Eingangswiderstand in Ω

$I_1 = I_2$

f_g = Grenzfrequenz in Hz

$$f_g = \frac{f_T}{|V'_U|}$$

f_T = Transitfrequenz in Hz

f_0 = Leerlauf-Grenzfrequenz in Hz

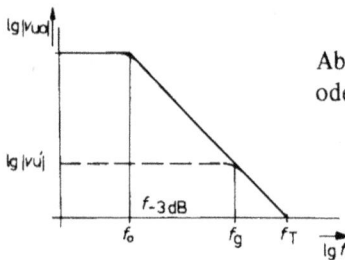

Abfall: -6 dB je Oktave

oder: -20 dB je Dekade

$$V_{U0} \cdot f_0 = V'_U \cdot f_g$$

5.11.3 Inverter

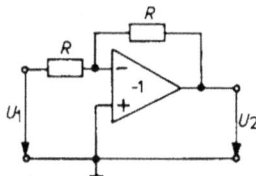

$$V'_U = -\frac{U_2}{U_1} = 1$$

$r_{ein} = R$

$f_g \approx f_T$

5.11.4 Nichtinvertierender Verstärker (Konstantstromquelle)

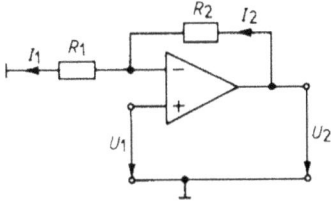

$$V'_U = \frac{U_2}{U_1} = 1 + \frac{R_2}{R_1}$$

$r_{ein} \to \infty$

$$I_1 = I_2 = \frac{U_1}{R_1} = \text{konstant, wenn } U_1 = \text{konstant}$$

$R_2 = R_L$ bei Konstantstromquelle

5.11.5 Spannungsfolger

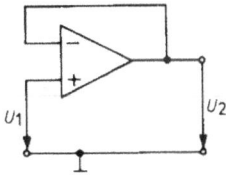

$$V'_U = 1$$
$$U_2 = U_1$$
$$r_{ein} \to \infty$$
$$r_{aus} \approx 0$$

5.11.6 Summierer

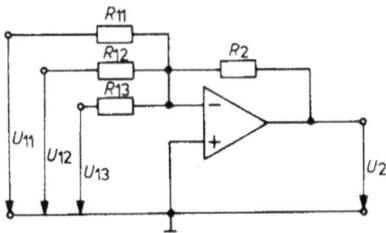

$$U_2 = -\left(\frac{R_2}{R_{11}} U_{11} + \frac{R_2}{R_{12}} U_{12} + \frac{R_2}{R_{13}} U_{13} + ... \right)$$
$$U_2 = -(V'_{U1} U_{11} + V'_{U2} U_{12} + V'_{U3} U_{13} + ...)$$

wenn: $R_{11} = R_{12} = R_{13} = R_{1n} = R_1$;

wird: $V'_{U1} = V'_{U2} = V'_{U3} = V'_{Un} = V'_U = \dfrac{R_2}{R_1}$

$U_2 = - V'_U (U_{11} + U_{12} + U_{13} + ...)$

$r_{ein} = R_{11} ; R_{12} ; R_{13}$

5.11.7 Differenzverstärker (Addierer – Substrahierer)

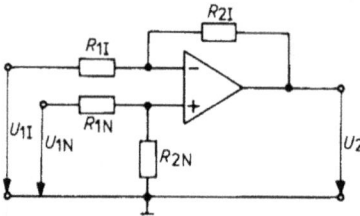

wenn: $R_{1I} = R_{1N}$ und $R_{2I} = R_{2N}$;

wird: $U_2 = V'_U (U_{1N} - U_{1I})$

$V'_U = \dfrac{R_{2I}}{R_{1I}} = \dfrac{R_{2N}}{R_{1N}} = \dfrac{R_2}{R_1}$

Bei ungleichen Verstärkungsfaktoren

$U_2 = V'_{U2} U_{1N} - V'_{U1} U_{1I}$

$V'_{U1} = \dfrac{R_{2I}}{R_{1I}}$

$V'_{U2} = \dfrac{1 + \dfrac{R_{2I}}{R_{1I}}}{1 + \dfrac{R_{1N}}{R_{2N}}}$

5.12 Unijunktion-Transistor [11]

Symbol

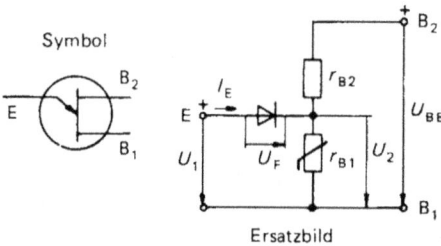

Ersatzbild

$\eta_i = \dfrac{r_{B_2}}{r_{B_2} + r_{B_1}}$

$0,5 \leqslant \eta_i \leqslant 0,9$

$U_1 = U_F + U_2 = U_F + \eta_i \cdot U_{BB}$

E = Emitteranschluß

B_2, B_1 = Basisanschlüsse

η_i = Inneres Spannungsverhältnis

$U_E = U_1$ | I_P Kennlinie
U_P
$U_{BB} > 0V$
U_V
$U_{BB} = 0V$
I_V $\longrightarrow I_E$

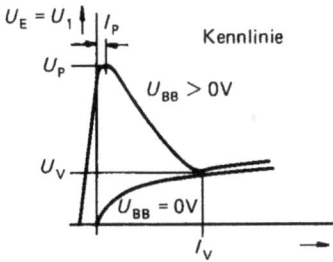

U_1	= Eingangsspannung in V
I_E	= Emitterstrom in A
U_F	$\approx$ 0,7V = Durchlaßspannung in V
U_2	= Ausgangsspannung in V
U_{BB}	= Interbasisspannung in V
r_{B_2}, r_{B_1}	= Teilwiderstände des Interbasiswiderstandes R_{BB}

Transistor gesperrt wenn $U_1 < U_P$

Transistor leitend wenn $U_1 \geq U_P$

U_P = Höckerspannung in V

U_V = Talspannung in V

I_P = Höckerstrom in A

I_V = Talstrom in A

5.12.1 Sägezahngenerator mit UJT

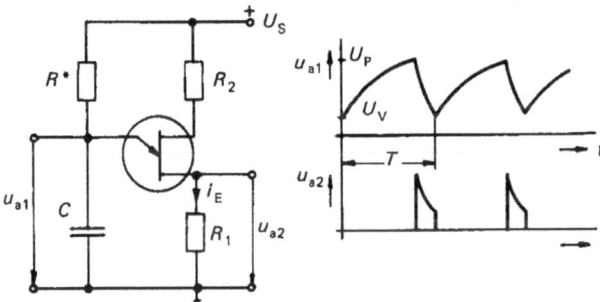

$+ U_S$

R^* R_2

u_{a1} C I_E

R_1 u_{a2}

u_{a1} | U_P
U_V
$\longleftarrow T \longrightarrow$ $\longrightarrow t$

u_{a2}
$\longrightarrow t$

$$T = R \cdot C \cdot \ln \frac{U_S}{U_S - U_P}$$

U_P = Höckerspannung des UJT in V

$$f = \frac{1}{T}$$

$U_F \approx 0,7V$ = Durchlaßspannung der Emitterdiode des UJT in V

R_{BB} = Interbasiswiderstand des UJT in Ω

$$R_1 > \frac{U_P - U_F}{I_E}$$

$$R_2 \approx \frac{U_F \cdot R_{BB}}{\eta_i \cdot U_S}$$

$u_{a_2} = i_E \cdot R_1$

* Bemerkung: Ersetzt man R durch eine Konstantstromquelle (s. 6.1.1), so wird die Anstiegsflanke des Sägezahns linearisiert.

5.13 Thyristor und Triac [1], [4], [6]

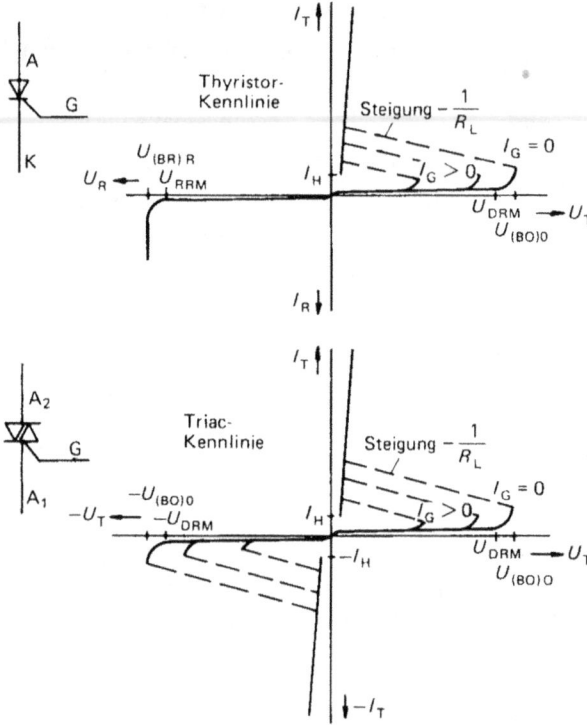

A   = Anode(n)

G   = Gate

K   = Katode

U_T = Durchlaßspannung in V

$U_{(BO)O}$ = Nullkippspannung in V

$U_{(BR)R}$ = Negative Durchbruchspannung in V

U_{DRM}, U_{RRM} = Höchstzulässige periodische Vorwärts- bzw. Rückwärts-Spitzensperrspannung in V

I_T = Durchlaßstrom in A

I_H = Haltestrom in A

I_R = Sperrstrom in A

I_G = Gate-(Zünd-)Strom in A

R_L = Lastwiderstand in Ω

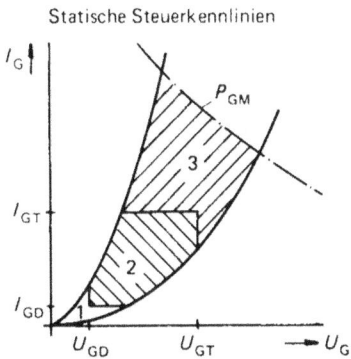

Statische Steuerkennlinien

U_G = Gatespannung in V

U_{GT} = Obere Zündspannung in V

U_{GD} = Untere Zündspannung in V

I_G = Gatestrom in A

I_{GT} = Oberer Zündstrom in A

I_{GD} = Unterer Zündstrom in A

P_{GM} = Höchstzulässige Steuer-
verlustleistung in W

1 = Bereich sicheren Nicht-
zündens

2 = Bereich des nichtsicheren
Zündens

3 = Bereich sicheren Zündens

Durchlaßverluste
Durchlaßkennlinie

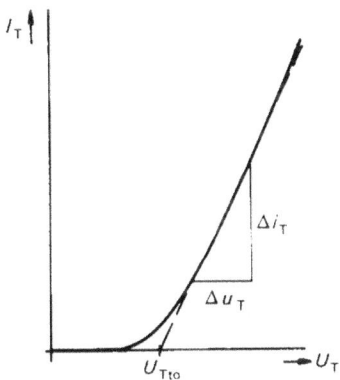

Formfaktor

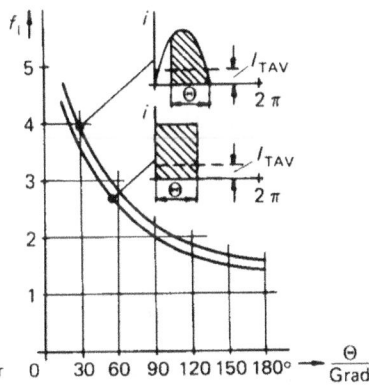

$$r_T = \frac{\Delta U_T}{\Delta i_T}$$

$$P_T = U_{Tto} \cdot I_{TAV} + r_T \cdot f_1^2 \cdot I_{TAV}^2$$

$$P_T < P_{tot}$$

$$f_1 = \frac{I_{Teff}}{I_{TAV}}$$

Θ = Stromflußwinkel in Grad

P_T = Durchlaßverluste in W

$$P_{tot} = \frac{\vartheta_J - \vartheta_U}{R_{thJU}} =$$

$$= \frac{\vartheta_J - \vartheta_U}{R_{thG} + R_{thGK} + R_{thK}}$$

i_T = Augenblickswert des Durch-
laßstroms in A

I_{TAV} = Strommittelwert in A

I_{Teff} = Effektivwert in A

U_{Tto} = Schleusenspannung in V

r_T = differentieller Widerstand in Ω

Spannungssicherheitsfaktor

$U_{DRM} = S \cdot \hat{U}_S$

$U_{RRM} = S \cdot \hat{U}_S$

$S = 2 \dots 2,5$

$U_{DRM} = U_{RRM}$ = periodische Spitzensperrspannung in V

$\hat{U}_S$ = Scheitelwert der Betriebsspannung in V

5.13.1 Zündmethoden und Zündschaltungen
Gleichspannungszündung

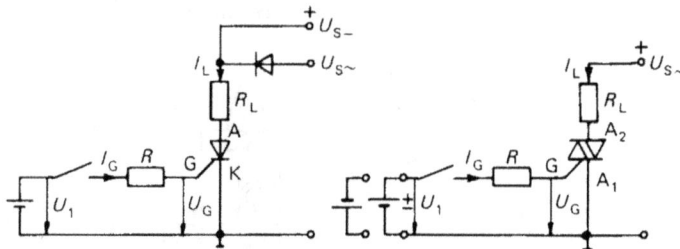

$$R^* = \frac{U_1 - U_{GA}}{I_{GA}}$$

$$R_L = \frac{U_S}{I_L} = \frac{U_S}{I_{Teff}}$$

Triac Zündmöglichkeiten

Quadrant	A$_2$	G	Bemerkung
I	+	+	
II	−	+	zu vermeiden
IV	+	−	
III	−	−	

Wechselspannungszündung

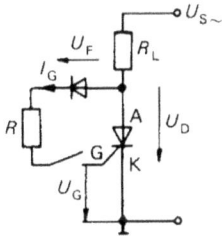

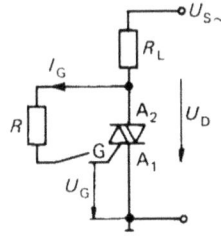

$$R^* = \frac{u_D - (U_F + U_{GA})}{I_{GA}} \qquad R^* = \frac{u_D - U_{GA}}{I_{GA}}$$

$u_D =$ Gewählte Durchschaltspannung in V (von Θ abhängig)

5.13.2 Anwendung von Thyristoren und Triacs

Gleichstromschalter

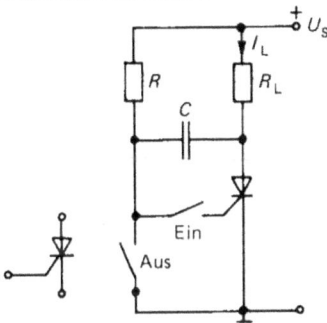

R_L = Lastwiderstand in Ω

C = Löschkondensator in F

R = Ladewiderstand in Ω

I_L = Laststrom in A

t_q = Typische Freiwerdezeit des Thyristors in s

t_{AN} = Kürzeste Anschaltzeit des Lastwiderstandes in s

alternativ: Löschthyristor

$$C > \frac{I_L \cdot t_q}{U_S}$$

$$R \approx \frac{t_{AN}}{5 \cdot C}$$

* s. Eingangskennlinie 5.13.3

Mit Umschwingkreis

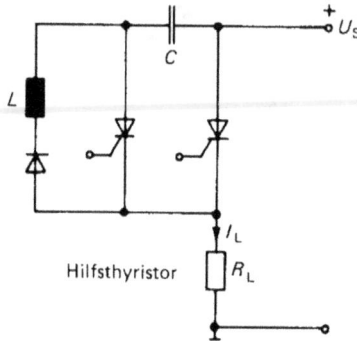

$$C = S \cdot \frac{I_{L\,max} \cdot t_q}{U_S}$$

$$L = \frac{1}{C}\left(\frac{t_u}{\pi}\right)^2$$

$$w = \sqrt{\frac{L}{A_L}}$$

S = 1,25 ... 2 = Sicherheits-
faktor

t_u = Umschwingzeit in s

w = Windungszahl

L = Induktivität in nH

A_L = Kernfaktor in nH

5.13.3 Phasenanschnittsteuerung
Grundschaltung

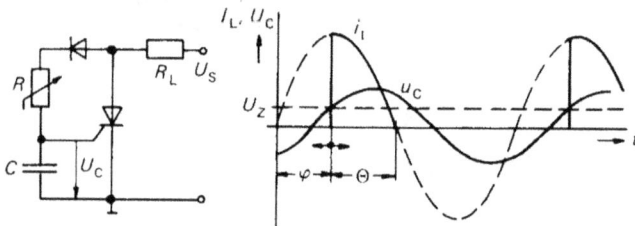

φ = $2 \cdot \arctan(\omega RC)$ s.a. Phasenschieberbrücke 4.5.18

Θ = $180° - \varphi$

φ = Zündverzögerungswinkel in Grad

Θ = Stromflußwinkel in Grad

ω = $2\pi f$ = Kreisfrequenz in s^{-1}

U_Z = Zündspannung des Thyristors in V

Impulszündung durch Triggerdiode

Thyristorschaltung	Triacschaltung
(Halbwegsteller)	(Vollwegsteller)

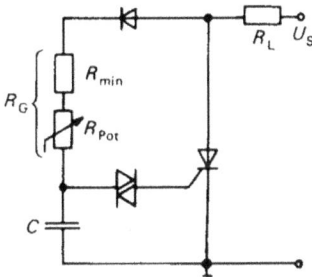

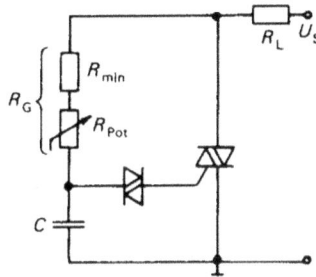

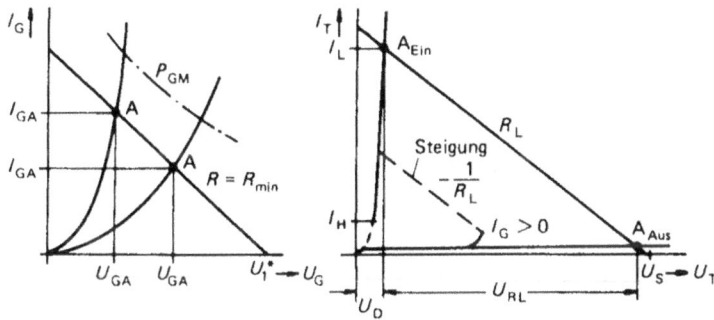

$$R = \frac{U_1 - U_{GA}}{I_{GA}} = R_{min}\Big|_{\Theta \approx 180°}$$

$$R_{Pot} \approx 100\, R_{min}$$

$$R_G = R_{min} + R_{Pot}$$

$$R_G = \frac{1}{0{,}2 \cdot \pi \cdot f \cdot C}$$

R = (Kleinster) Gate-vorwiderstand in Ω

R_G = Widerstand des Phasen-schiebers in Ω

R_{Pot} = Widerstand des logarithmischen Einstellpotentiometers in Ω

$$C\big|_{230\,V,\,50\,Hz} = 0{,}1\ \mu F/100\ V$$

U_1^* = Klemmenspannung der Zündspannungsquelle bei Gleichspannungszündung. Bei Wechselspannungszündung Augenblickswert der abgeleiteten Anodenspannung u_D s. 5.13.1

Hysteresearme Schaltung

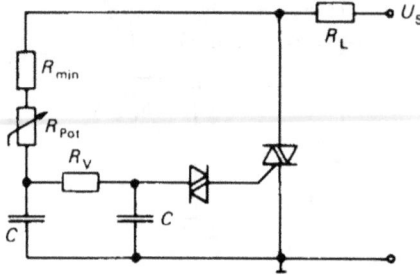

$$R_V \approx 5\,R_{min}$$

5.13.4 Nullspannungsschalter
für Thyristor

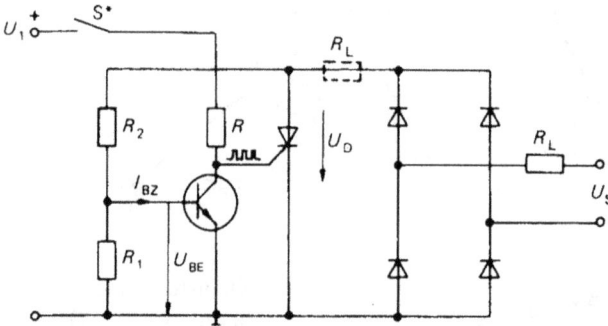

$$R_2 \geqq \frac{U_D}{I_{BZ}}$$

$$R_1 = \frac{R_2}{\dfrac{U_D}{U_{BE}} - 1}$$

$$R = \frac{U_1 - U_{GA}}{I_{GA}}$$

U_1 = Klemmenspannung der Zündspannungsquelle in V

I_{BZ} = Zulässiger Basisstrom des Transistors in A

---

* Für die periodische Schwingungspulssteuerung kann der Schalter S durch einen astabilen Multivibrator mit variablem Tastgrad (s. 6.2.11) ersetzt werden.

** Durch Verwendung eines pnp-Transistors bei negativer Zündspannung und nach „Umdrehen" der Dioden kann der Triac auch mit negativen Impulsen im III. und IV. Quadranten gezündet werden.

für Triac
Zündung im I. und II. Quadranten**

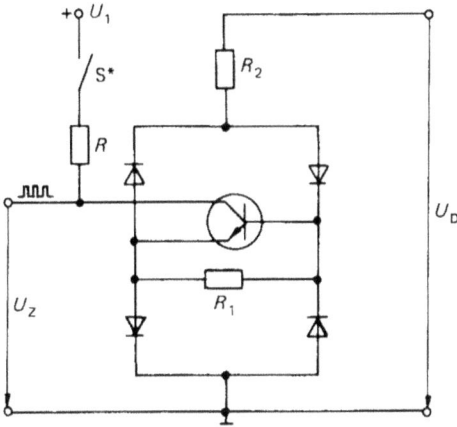

Dimensionierung s. 5.13.4

5.13.5 Schutzbeschaltung

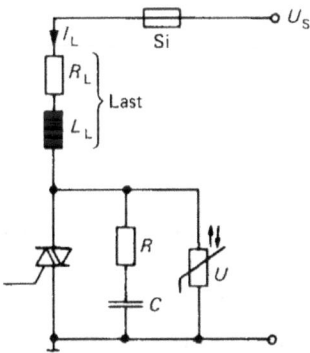

Sicherung $t_{AN} = 1 \dots 10$ ms
$I_N < 1,5 \, I_L$

TSE-Beschaltung (vorgeschlagene Werte)					VDR
$\dfrac{U_S}{V}$	$\dfrac{R}{\Omega}$	$\dfrac{P}{W}$	$\dfrac{C}{\mu F}$	$\dfrac{U}{V_\sim}$	$\dfrac{U}{V}$
... 250	$\leqslant 68$	1 ... 6	0,22	630	400
... 400	$\leqslant 100$	1 ... 8	0,1	630	600
... 500	$\leqslant 150$	1 ... 10	0,1	630	800

5.14 Röhren

Größen

$$S = \frac{\Delta I_A}{\Delta U_G}\bigg|_{U_A=\text{Konstant}}$$

$$R_i = \frac{\Delta U_A}{\Delta I_A}\bigg|_{U_G=\text{Konstant}}$$

$$D = \frac{\Delta U_G}{\Delta U_A}\bigg|_{I_A=\text{Konstant}}$$

$$\mu = \frac{1}{D} = \frac{\Delta U_A}{\Delta U_G}$$

$$S \cdot R_i \cdot D = 1$$

S = Steilheit in $\dfrac{\text{mA}}{\text{V}}$

R_i = Innenwiderstand in Ω

D = Durchgriff

μ = Verstärkungsfaktor

A = Anode

G = Gitter

K = Katode

5.14.1 Triode

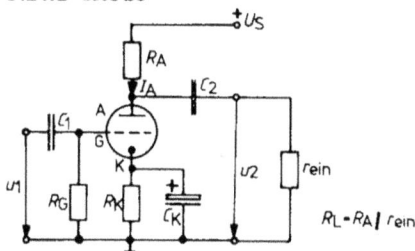

U_S = Betriebsspannung in V

u_1 = Eingangswechselspannung in V

u_2 = Ausgangswechselspannung in V

R_L = Lastwiderstand in Ω

$|U_G|$ = Gittervorspannung in V (Betrag)

Arbeitspunkt

$$|U_G| = I_A \cdot R_K \qquad R_G \geqslant 0{,}5\ \text{M}\Omega\ \text{erlaubt}$$
$$U_S = I_A(R_A + R_K) + U_A$$

5.14.2 Triode als Verstärker

$$V_U \quad = -\frac{u_2}{u_1}$$

$$|V_U| = S\frac{R_i \cdot R_A}{R_i + R_A}$$

$$|V_U| = \frac{1}{D}\frac{R_A}{R_i + R_A}$$

$$|V_U| \approx S_D \cdot R_A \ ; \quad \text{oder:} \quad |V_U| \approx S_D \cdot R_L$$

$$S_D \quad = \frac{S \cdot R_i}{R_i + R_A}$$

$$i_a \quad = S_D \cdot u_1$$

V_U = Spannungsverstärkung

S_D = Betriebssteilheit in $\dfrac{mA}{V}$

i_a = Anodenwechselstrom in A

5.14.3 Pentode

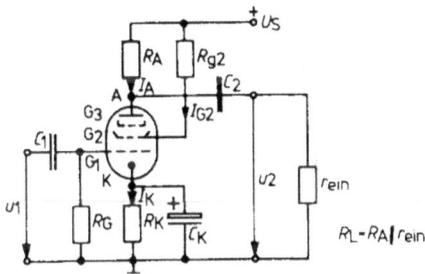

Arbeitspunkt

$$|U_G| = I_K \cdot R_K \ ; \quad R_G \geqslant 0.5 \text{ M}\Omega \text{ erlaubt}$$

$$U_S \quad = I_A \cdot R_A + U_A + I_K \cdot R_K$$

$$I_K \quad = I_A + I_{G2}$$

$$R_{G2} \quad = \frac{U_S - U_{G2} - I_K \cdot R_K}{I_{G2}}$$

$$U_{G2} = \text{Gitter 2-Katodenspannung in V}$$

5.14.4 Pentode als Verstärker

$$V_U = -\frac{u_2}{u_1}$$

$$|V_U| = S\,\frac{R_i \cdot R_A}{R_i + R_A}\;;\quad \text{wenn}\quad R_i \gg R_A:$$

$$|V_U| \approx S \cdot R_A\;;\quad \text{oder:}\quad |V_U| \approx S \cdot R_L$$

$$i_a = S \cdot u_1$$

Berechnung des Katoden- und des Koppelkondensators s. 5.15.2.

5.15 Kondensatoren für NF-Verstärker

5.15.1 Koppel- und Emitterkondensatoren (bipolare Transistoren)

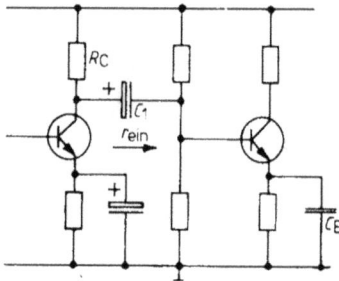

f_b = untere Grenzfrequenz der Stufe in Hz

$R_C \mathrel{\hat{=}} R_i$ = Innenwiderstand der treibenden Stufe oder des Generators in Ω

r_{ein} = Dynam. Gesamteingangswiderstand der Stufe

S = Steilheit in $\dfrac{mA}{V}$

f_{bn} = untere Grenzfrequenz des n-stufigen Verstärkers in Hz

n = Anzahl der Stufen

$n > 1$

$$C_1 \geqslant \frac{1}{2 \cdot \pi \cdot f_b (R_C + r_{ein})}$$

$$C_E \geqslant \frac{S \cdot r_{ein}}{2 \cdot \pi \cdot f_b (R_C + r_{ein})}$$

$$f_b \approx \frac{f_{bn}}{\sqrt{1,3 \cdot n}}$$

5.15.2 Koppel- und Source- bzw. Katodenkondensatoren
(FET bzw. Röhre)

$$C_1 \geqslant \frac{1}{2 \cdot \pi \cdot f_b (R_D + R_G)}$$

$$C_S \geqslant \frac{S}{2 \cdot \pi \cdot f_b}$$

$R_D \triangleq R_i$ = Innenwiderstand der treibenden Stufe oder des Generators in Ω (bei Röhren R_A)

R_G = Gatewiderstand (bei Röhren Gitterableitwiderstand) der Stufe in Ω (entspricht r_{ein})

C_S = Source-Kondensator in F (bei Röhren C_K)

6. Schaltungen

6.1 Analogtechnik

6.1.1 Stabilisierungsschaltungen für Spannung und Strom
Spannungsstabilisierung

Mit bipolarem Transistor

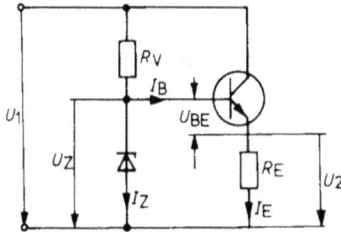

$$I_E \quad = I_C \text{ gesetzt}$$

$$U_2 \quad = U_Z - U_{BE}$$

$$U_{1\,\text{min}} \geqslant U_2 + U_{CE\,\text{sat}} \geqslant 1{,}1\,U_Z$$

$$I_{B\,\text{max}} = I_{Z\,\text{max}} - I_{Z\,\text{min}} \approx I_{Z\,\text{max}}\Big|_{I_{Z\,\text{min}} \to 0}$$

$$I_{E\,\text{max}} = B_{\text{max}} \cdot I_{B\,\text{max}} \approx B_{\text{max}} \cdot I_{Z\,\text{max}}$$

$$P_V \quad = (U_{1\,\text{max}} - U_2) \cdot I_{E\,\text{max}} \leqslant P_{\text{tot}}$$

$$r_i \quad \approx \frac{r_{be}}{\beta} \approx \frac{1}{S}$$

Berechnung d. Z-Diode und des Vorwiderstandes s. 5.4.1

U_1 = Eingangsspannung in V	B = Gleichstromverstärkung
U_2 = Ausgangsspannung in V	P_V = Auftretende Verlustleistung in W
U_Z = Z-Dioden-Spannung (Referenzspannung) in V	P_{tot} = Maximal zulässige Verlustleistung in W (aus Datenblatt bzw. Derating-Kurve)
U_{BE} = Basis-Emitterspannung in V	
I_E = Emitterstrom (Ausgangsstrom) in A	r_i = Dynamischer Innenwiderstand der Schaltung in Ω
I_B = Basisstrom in A	
I_Z = Z-Dioden-Strom in A	r_{be} = Dynamischer Transistor-Eingangswiderstand in Ω
	β = Wechselstromverstärkung

Mit Operationsverstärker

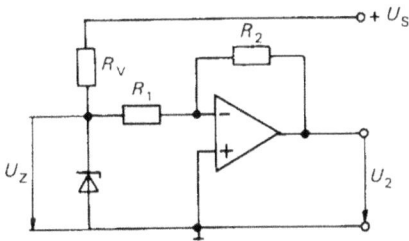

$$U_2 = \frac{R_2}{R_1} \cdot U_Z$$

Dimensionierung des R_V s. 5.4.1

Stromstabilisierung

Mit bipolarem Transistor

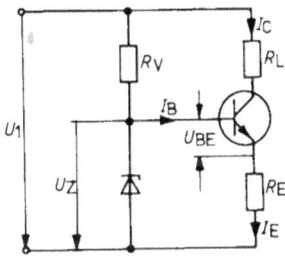

$$I_E \quad = I_C \text{ gesetzt}$$

$$R_E \quad = \frac{U_Z - U_{BE}}{I_C}$$

$$R_{L\,max} \leqslant \frac{U_{1\,max} - U_{CEsat} - U_{RE}}{I_C}$$

$$I_B \quad = \frac{I_C}{B}$$

$$P_V\Big|_{R_L=0} = (U_{1\,max} - U_{RE})\,I_C \leqslant P_{tot}$$

$$r_i \qquad \approx \beta \cdot r_{ce}$$

$$r_{ce} = \text{Dynamischer Transistorinnen-}$$
$$\text{widerstand in } \Omega$$

Mit Feldeffekttransistor

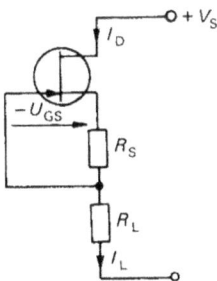

$$R_S \quad = \frac{|U_{GS}|}{I_D} = \frac{|U_{GS}|}{I_L}$$

$$r_{dS} \quad = \frac{\Delta U_{DS}}{\Delta I_D}$$

$$r_i \quad = r_{DS}(1 + S \cdot R_S)$$

$$R_{L\,max} = \frac{U_S - U_{DSP}}{I_L}$$

Kennlinie mit Lastwiderständen

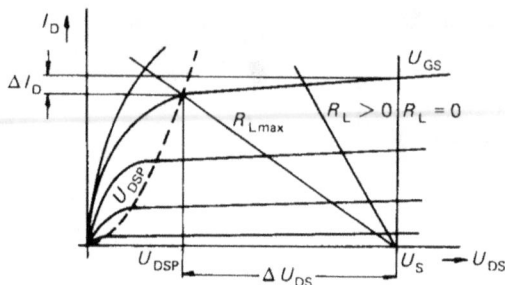

6.1.2 Differenzverstärker

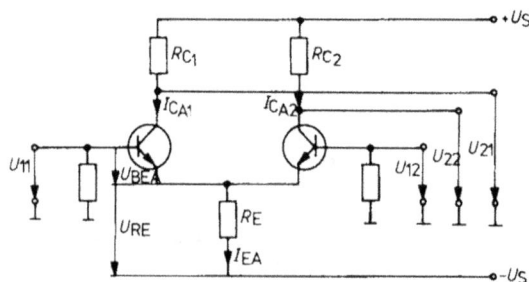

$$U_{RE} = U_S - U_{BEA}$$

$$R_E = \frac{U_{RE}}{I_{EA}}$$

$$I_{EA} = I_{CA1} + I_{CA2}$$

$$V_U = \frac{U_{22}}{U_D} = -\frac{U_{21}}{U_D}$$

$$V_U = \frac{\beta}{2}\frac{R_C}{r_{be}} = S\frac{R_C}{2}$$

$$U_D = U_{11} - U_{12}$$

U_S = Betriebsspannung in V

U_{RE} = Spannungsabfall am Emitterwiderstand in V

U_{BEA} = Basis-Emitterspannung am Arbeitspunkt in V

I_{EA} = Emitterstrom am Arbeitspunkt in A

$I_{CA1} = I_{CA2}$ = Kollektorströme am Arbeitspunkt in A

U_{11}, U_{12} = Eingangsspannung in V

$$V_{UC} \approx \frac{R_C}{2 \cdot R_E}$$

$$G \approx \frac{V_U}{V_{UC}}$$

$$r_D \approx 2 \cdot r_{be}$$

$$r_C \approx \beta \cdot R_E$$

$$r_{aus} \approx R_C$$

U_{21}, U_{22} = Ausgangsspannung in V

U_D = Eingangsdifferenzspannung in V

V_U = Spannungsverstärkung

$\beta = h_{21e}$ = Wechselstromverstärkung

R_C = Kollektorwiderstände in Ω

$r_{be} = h_{11e}$ = Dynam. Eingangswiderstand in Ω

S = Steilheit in $\dfrac{mA}{V}$

V_{UC} = Gleichtaktspannungsverstärkung

G = Gleichtaktunterdrückung

r_{aus} = Dynam. Ausgangswiderstand in Ω

r_D = Differenzeingangswiderstand in Ω

r_C = Gleichtakteingangswiderstand in Ω

6.1.3 Groß-Signal-Verstärker

Schaltung

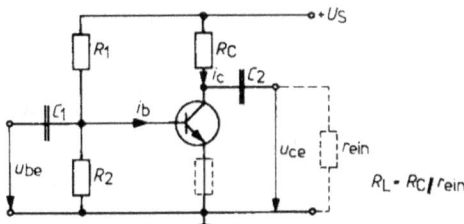

Kennlinie

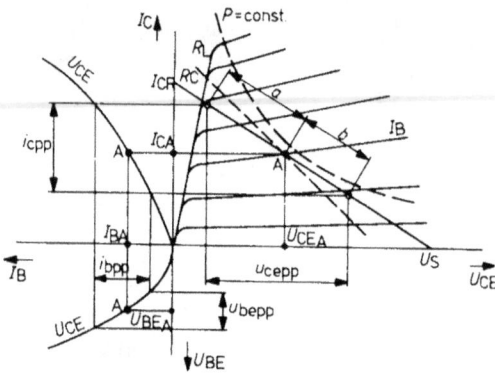

Index „A" bedeutet: Arbeitspunkt

$$R_C = \frac{u_{cepp}}{i_{cpp}}$$

$$R_C = \frac{U_S}{I_{CR}}$$

$$V_U = \frac{u_{cepp}}{u_{bepp}}$$

$$V_I = \frac{i_{cpp}}{i_{bpp}}$$

$$V_P = V_U \cdot V_I$$

u_{cepp} = Doppelter Spitzenwert der Kollektor-Emitter-Wechselspannung in V

u_{bepp} = Doppelter Spitzenwert der Basis-Emitter-Wechselspannung in V

i_{cpp} = Doppelter Spitzenwert des Kollektor-Wechselstromes in A

i_{bpp} = Doppelter Spitzenwert des Basis-Wechselstromes in A

I_{CR} = Kollektorstrom bei $U_{CE} = 0$ in A (zur Berechnung von R_C)

V_U, V_I, V_P = Spannungs-Strom-Leistungsverstärkung

ohne Aussteuerung:

$$P_- = U_{CEA} \cdot I_{CA} = \frac{U_S^2}{4\,R_C} \leqslant P_{tot}$$

P_- = Kollektor-Ruheleistung in W

P_{tot} = Maximal zulässige Kollektorverlustleistung des Transistors in W mit sinusförmiger Aussteuerung:

$$P_{C\sim} = \frac{u_{cepp} \cdot i_{cpp}}{8} \approx \frac{U_S^2}{8\,R_C}$$

$$P_V = P_- - P_{C\sim}$$

$$k = \frac{a - b}{2\,(a + b)} \cdot 100$$

Berechnung des Spannungsteilers:
s. 5.7.1

$P_{C\sim}$ = Kollektor-Wechselleistung in W

P_V = Vorhandene Kollektorverlustleistung in W

k = Klirrfaktor in %

a, b = Streckenabschnitte durch Aussteuerung auf der Arbeitsgeraden R_C in mm

6.1.4 Eintakt-Endstufe mit Übertrager im A-Betrieb

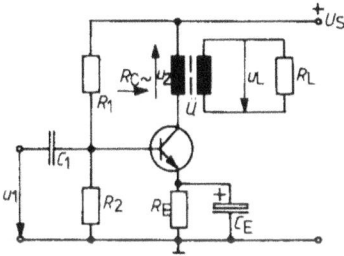

$$\ddot{u} = \sqrt{\frac{R_{C\sim}}{R_L}}$$

$$V_U \approx \frac{\beta}{r_{be}} \cdot R_{C\sim} \approx S \cdot R_{C\sim}$$

$$V_U \approx \frac{\beta}{r_{be}} \cdot \ddot{u}^2 \cdot R_L \approx S \cdot \ddot{u}^2 \cdot R_L$$

ohne Aussteuerung:

$$P_- \approx U_S \cdot I_{CA} \approx \frac{U_S^2}{\ddot{u}^2 \cdot R_L} \leqslant P_{tot}$$

$\ddot{u}$ = Übersetzungsverhältnis des Übertragers (Trafo)

R_L = Lautsprecher-(Last-)Widerstand in Ω

β = Wechselstromverstärkung

r_{be} = Eingangswiderstand des Transistors in Ω

S = Steilheit des Transistors in $\frac{mA}{V}$

$P_- = P_S$ = dem Netzteil entnommene Gleichstromleistung in W

$P_\sim$ = Wechsel-(Lautsprecher-)Leistung in W

η = Wirkungsgrad

U_{CEmax} = Erforderliche Kollektor-Emitterspannung des Transistors in V

U_{Smax} = Größtmöglich auftretende Betriebsspannung in V

mit sinusförmiger Aussteuerung:

$$P_{C\sim} \quad \approx \frac{U_S^2}{2\,\ddot{u}^2\,R_L} \approx P_\sim\Big|_{\eta_{Trafo}=1}$$

$$\eta \quad \approx \frac{P_\sim}{P_S} \approx 0{,}5 \triangleq 50\%$$

$$U_{CEmax} \geqslant 2 \cdot U_{Smax}$$

6.1.5 Gegentakt-Endstufe mit Übertrager im B-(AB-)Betrieb

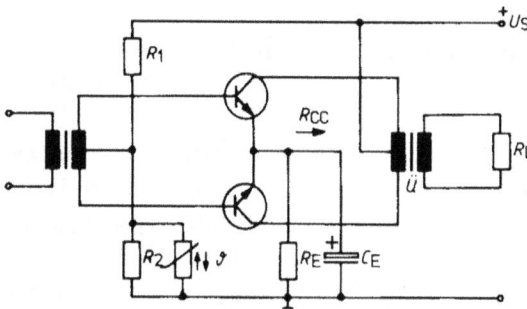

$$\ddot{u} \quad = \sqrt{\frac{4 \cdot R_C}{R_L}} = \sqrt{\frac{R_{CC}}{R_L}} \qquad R_{CC} = \text{resultierender Lastwider-}$$
stand in Ω

$$V_U \approx \frac{\beta}{r_{be}} \cdot R_C \approx S \cdot R_C$$

$$V_U \approx \frac{\beta}{r_{be}} \cdot \frac{\ddot{u}^2 \cdot R_L}{4} \approx S \cdot \frac{\ddot{u}^2 \cdot R_L}{4}$$

$$P_\sim \approx \frac{U_S^2}{2\,\ddot{u}^2 \cdot R_L}\Big|_{\eta_{Trafo}=1}$$

$$P_1 \quad = \tfrac{1}{5} P_\sim \leqslant P_{tot} \qquad\qquad P_1 \quad = \text{Maximale Kollektorverlust-}$$
leistung eines Transistors
in W

$$\eta \quad = \frac{P_\sim}{P_S} = 0{,}785 \triangleq 78{,}5\%$$

Übertragerberechnung s. 6.1.8

6.1.6 Lautspecherimpedanz

$R_L \approx 1{,}25\,R_D$ R_D = Ohm'scher Drahtwiderstand
der Schwingspule in Ω

6.1.7 Lautsprecher-Weichen   1. Ordnung (– 6 dB je Oktave)

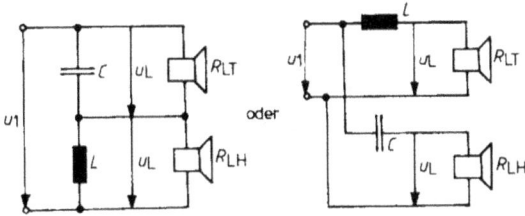

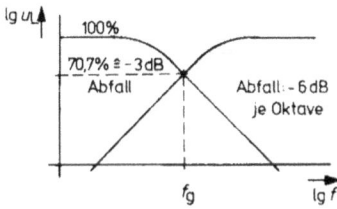

Es sei:
$$X_L = X_C = R_{LT} = R_{LH} = R$$
$$\text{bei } f = f_g$$

$$L = \frac{R}{\omega_g} \qquad C = \frac{1}{\omega_g \cdot R}$$

f_g = Grenzfrequenz (Übernahme-
frequenz) in Hz

$$\omega_g = 2\,\pi\,f_g$$

2. Ordnung (– 12 dB je Oktave)
Vor den Tieftöner wird ein Tiefpaßhalbglied (f_g = 600 Hz) nach 4.5.22,
vor den Mitteltöner ein Bandpaßhalbglied (f_b = 600 Hz und f_a = 4000 Hz)
nach 4.5.24,
vor den Hochtöner ein Hochpaßhalbglied (f_g = 4000 Hz) nach 4.5.23
geschaltet.

6.1.8 Übertrager

Idealer Übertrager $P_1 = P_2$
(ohne Verluste)

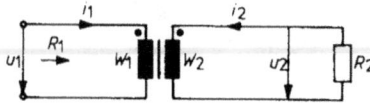

$$\ddot{u} = \frac{w_1}{w_2} = \frac{u_1}{u_2} = \frac{i_2}{i_1} = \sqrt{\frac{R_1}{R_2}}$$

$$A_E \approx \sqrt{\frac{200 \cdot P_1}{f_b}}$$

Übertrager ohne Luftspalt

$$w_1 \approx u_1 \cdot \frac{1{,}6 \cdot 10^3}{f_b \cdot B \cdot A_E}$$

Übertrager mit Luftspalt

$$w_1 \approx 3{,}2 \cdot 10^3 \cdot \sqrt{\frac{L_p \cdot \delta}{A_E}}$$

$$L_p \approx 0{,}145 \cdot \frac{R_1 \| R_i}{f_b}$$

$$\delta \approx 0{,}4 \cdot \sqrt{A_E}$$

Maximal zulässige Induktionen

Dynamoblech IV	→ $B_{max} = 0{,}4$ T
Mumetall	→ $B_{max} = 0{,}4$ T
Permenorm 30% NiFe	→ $B_{max} = 0{,}8$ T

Drahtquerschnitt und Wickelraum s. 5.3.2 und 5.3.3

A_E = Effektiver Eisenquerschnitt in cm^2

P_1 = Eingangsleistung in W

f_b = Untere Grenzfrequenz in Hz

B = Magnetische Induktion in T

L_p = Primärinduktivität in H

R_1 = transformatorischer Übertrager-Eingangswiderstand in Ω

R_i = Innenwiderstand des treibenden Generators (Transistors) in Ω

δ = Luftspalt (Gesamtlänge) in mm

6.1.9 Transformatorlose Endstufen im B-(AB-)Betrieb

alternativ

$$R_E \quad = \frac{U_{REA}}{I_{CA}}$$

$$U_{CEmax} \geqslant U_{Smax}$$

$$I_{CA} \quad \approx 0{,}01 \dots 0{,}02 \cdot \hat{i}_{RL}$$

$$U_D \quad = 2 \cdot (U_{BEA} + U_{REA})$$

$$U_{RC} \quad = U_{CEA} = \frac{U_S}{2} - (U_{BEA} + U_{REA})$$

$$R_C \quad = \frac{U_{RC}}{I_{RC}}$$

$$I_{RC} \quad = 2 \cdot I_{BA} + I_{CTreiber}$$

$$I_{BA} \quad = \frac{I_{CA}}{B}$$

$$U_S \quad \geqslant 2 \cdot (U_{CEsat} + \hat{u}_{RE} + \hat{u}_{RL})$$

$$\hat{u}_{RL} \quad = \sqrt{2 \cdot P_\sim \cdot R_L}$$

$$\hat{i}_{RL} \quad = \sqrt{\frac{2 \cdot P_\sim}{R_L}}$$

$$\hat{u}_{RE} \quad = \hat{i}_{RL} \cdot R_E$$

Index „A" bedeutet: Arbeitspunkt

U_{CEmax} = Erforderliche Kollektor-Emitterspannung eines Transistors in V

U_{Smax} = Größtmöglich auftretende Betriebsspannung in V

U_D = Diodenspannung zur Arbeitspunkteinstellung in V

U_{CEsat} = Kollektor-Emitter-Sättigungsspannung in V

$\hat{u}_{RL}$ = Spitzenwert der Ausgangswechselspannung am Lastwiderstand in V

$\hat{u}_{RE}$ = Spitzenwert des Spannungsabfalls am Emitterwiderstand in V

$\hat{i}_{RL}$ = Spitzenwert des Wechselstromes durch den Lastwiderstand in A

$$P_\sim \approx \frac{U_S^2}{8 R_L}$$

$$P_1 \approx \frac{U_S^2}{40 R_L} \approx \frac{1}{5} P_\sim \leqslant P_{tot}$$

$$V_U' \approx 1 \quad \text{wenn:} \quad R_L > R_E$$

$$V_i \approx \beta$$

$$C \geqslant \frac{1}{2 \pi f_b \cdot R_L}$$

$$\eta = \frac{P_\sim}{P_S} = 0{,}785 \, \widehat{=} \, 78{,}5\%$$

$P_\sim$ = Wechsel-(Lautsprecher-) Leistung in W

P_1 = Maximal auftretende Verlustleistung eines Endstufentransistors in W

P_{tot} = Gesamtverlustleistung an einem Transistor in W

C = Koppelkondensator in F

f_b = untere Grenzfrequenz

η = Wirkungsgrad

P_S = dem Netzteil entnommene Gleichstromleistung in W

6.1.10 Gesamtleistungsverstärkung

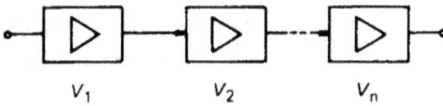

$$V_{PG} = V_{P_1} \cdot V_{P_2} \cdot \ldots V_{P_n}$$

$$v_{PG} = v_{P_1} + v_{P_2} + \ldots v_{P_n}$$

$$v_P = 10 \lg V_P$$

$V_{P_1} .. V_{P_n}$ = Leistungsverstärkung der einzelnen Stufen

$v_{P_1} .. v_{P_n}$ = Leistungsverstärkung der einzelnen Stufen in dB

6.1.11 Wärmeableitung bei Halbleitern

Wärmeersatzbild
ohne -   mit Kühlkörper

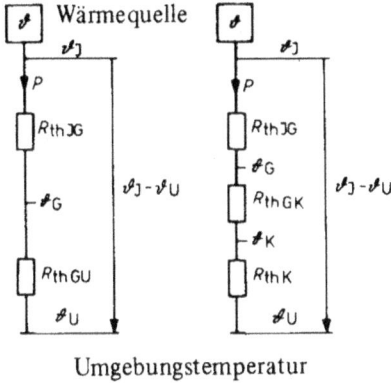

ϑ Wärmequelle ϑ

ϑ_J ϑ_J

P P

R_{thJG} R_{thJG}

ϑ_G ϑ_G

$\vartheta_J - \vartheta_U$ R_{thGK} $\vartheta_J - \vartheta_U$

ϑ_K

R_{thGU} R_{thK}

ϑ_U ϑ_U

Umgebungstemperatur

„Ohm'sches Gesetz" des Wärmekreises

$$P = \frac{\vartheta_J - \vartheta_U}{R_{thJU}} \leqslant P_{tot}$$

$$\vartheta_J = \vartheta_U + P \cdot R_{thJU}$$

Wärmewiderstand ohne Kühlkörper

$$R_{thJU} = R_{thJG} + R_{thGU}$$

Wärmewiderstand mit Kühlkörper

$$R_{thJU} = R_{thJG} + R_{thGK} + R_{thK}$$

$$P = \frac{\vartheta_J - \vartheta_U}{R_{thJG} + R_{thK}} \leqslant P_{tot}$$

(R_{thGK} vernachlässigt)

$$R_{thK} \leqslant \frac{\vartheta_J - \vartheta_U}{P} - R_{thJG}$$

$$\vartheta_J = \vartheta_U + P(R_{thJG} + R_{thK})$$

P = Verlustleistung ($\hat{=}$ Wärmestrom) in W

P_{tot} = Maximal zulässige Verlustleistung in W (aus Datenblatt bzw. Derating-Kurve)

$\vartheta_J - \vartheta_U$ = Temperaturdifferenz in °C $\hat{=}$ Wärmespannungsabfall

ϑ_J = Temperatur der Sperrschicht in °C

ϑ_G = Gehäusetemperatur in °C

ϑ_K = Temperatur des Kühlkörpers in °C

ϑ_U = Umgebungstemperatur in °C

R_{thJU} = Gesamtwärmewider-
             stand in KW^{-1} (aus
             Datenblatt)

R_{thJG} = Wärmewiderstand zwi-
             schen Sperrschicht und
             Gehäuse in KW^{-1} (aus
             Datenblatt)

R_{thGU} = Wärmewiderstand zwi-
             schen Gehäuse und Um-
             gebung in KW^{-1}

R_{thGK} = Wärmewiderstand zwi-
             schen Gehäuse und Kühl-
             körper in KW^{-1} (wird
             häufig vernachlässigt)

R_{thK} = Wärmewiderstand zwi-
             schen Kühlkörper und
             Umgebung in KW^{-1}
             (aus Datenblatt des vor-
             gesehenen Kühlkörpers
             oder aus Kurven im Da-
             tenbuch für Halbleiter)

6.1.12 Oszillatorschaltungen, allgemeine Bedingungen

Blockschaltbild

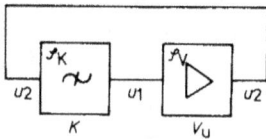

K = Kopplungsfaktor

V_U = Verstärkung

φ_V = Phasendrehung des Verstärkers in Grad

φ_K = Phasendrehung des frequenz-
bestimmenden Gliedes in
Grad

Schwingbedingungen

$$K \cdot V_U = 1$$

zum Anschwingen

$$K \cdot V_U > 1$$

$$V_U = \frac{u_2}{u_1} \qquad K = \frac{u_1}{u_2}$$

Phasenbedingungen

$\varphi_V + \varphi_K = 0$

6.1.13 LC-Schaltungen

Meißnerschaltung (Feldeffekt-Transistor als Verstärker)

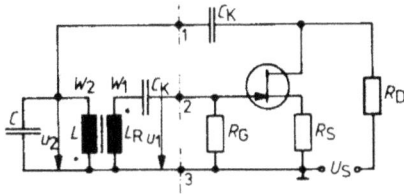

$$f_0 \approx \frac{1}{2\pi \cdot \sqrt{LC}}$$

$$|V_U| = \frac{u_2}{u_1} \approx \frac{R_D}{R_S}$$

$$|K| = \frac{u_1}{u_2} = \frac{w_1}{w_2}$$

w_1, w_2 = Windungszahlen

f_0 = Schwingfrequenz in Hz

Die Kondensatoren C_K stellen Kurzschlüsse für den Wechselstrom dar

Hartleyschaltung

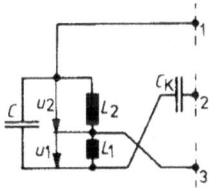

$$|K| = \frac{u_1}{u_2} = \frac{L_1}{L_2}$$

$$f_0 = \frac{1}{2\pi \cdot \sqrt{LC}}$$

$$L = L_1 + L_2$$

Colpittsschaltung

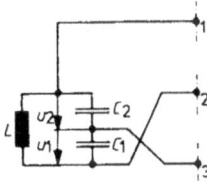

$$|K| = \frac{u_1}{u_2} = \frac{C_2}{C_1}$$

$$f_0 = \frac{1}{2\pi \cdot \sqrt{LC}}$$

$$C = \frac{C_1 \cdot C_2}{C_1 + C_2}$$

6.1.14 RC-Schaltungen

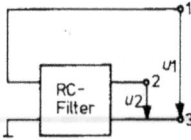

A = Dämpfungsfaktor

$$|K| = \frac{1}{|A|} = \frac{u_2}{u_1}$$

Resonanzfrequenz s. RC-Netzwerke 4.5.12, 13, 15

6.1.15 Gegenkopplung

$$K = \frac{U_K}{U_2}$$

$$g = \frac{V_U}{V_U'} = 1 + K \cdot V_U$$

$$g\Big|_{K V_U > 1} \approx K \cdot V_U$$

K = Kopplungsfaktor

U_K = gegengekoppelte Spannung in V

U_2 = Ausgangsspannung des Verstärkers in V

g = Gegenkopplungsgrad

V_U = Spannungsverstärkung ohne Gegenkopplung

V_U' = Spannungsverstärkung bei Gegenkopplung

Verringerung des Klirrfaktors durch Gegenkopplung: s. 4.5.34

Stromgegenkopplung

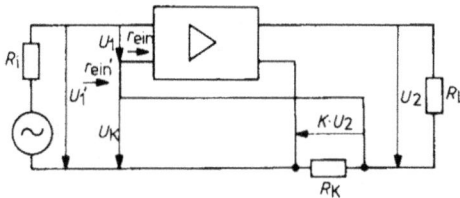

$$K = \frac{R_K}{R_L}$$

$$V_U' = \frac{V_U}{1 + K \cdot V_U}$$

$$V_I' \approx V_I$$

$$r_{ein}' = r_{ein} (1 + K \cdot V_U)$$

$$r_{aus}' \approx r_{aus} (1 + K \cdot V_U)$$

$$R_i \to 0$$

Transistor-(oder FET- bzw. Röhren-)Schaltung

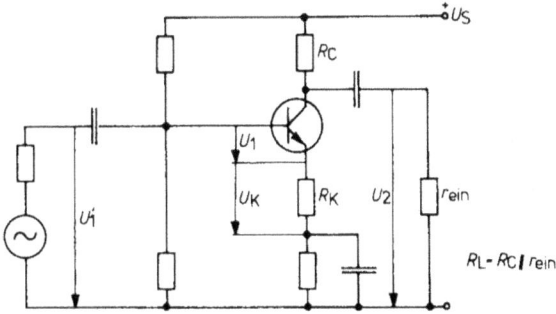

$$K \; = \; \frac{R_K}{R_L}$$

$$V_U \; \approx \; S \cdot R_L$$

$$V'_U \; \approx \; \frac{S \cdot R_L}{1 + K \cdot S \cdot R_L} \; \approx \; \frac{S \cdot R_L}{1 + S \cdot R_K}$$

Operationsverstärkerschaltung

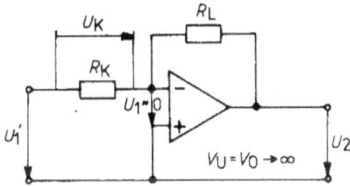

$$U'_1 \; = \; U_1 + U_K \approx U_K$$

$$V'_U \; \approx \; \frac{R_L}{R_K} \; = \; \frac{1}{K}$$

Spannungsgegenkopplung

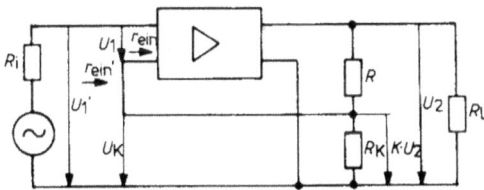

$$K \; = \; \frac{R_K}{R + R_K}$$

$$V'_U \; = \; \frac{V_U}{1 + K \cdot V_U}$$

$$V'_I \; \approx \; V_I$$

$$r'_{ein} \; = \; r_{ein} \, (1 + K \cdot V_U)$$

$$r'_{aus} \; \approx \; \frac{r_{aus}}{1 + K \cdot V_U}$$

$$R_i \; \rightarrow \; 0$$

Transistor-(oder FET- bzw. Röhren-)Schaltung

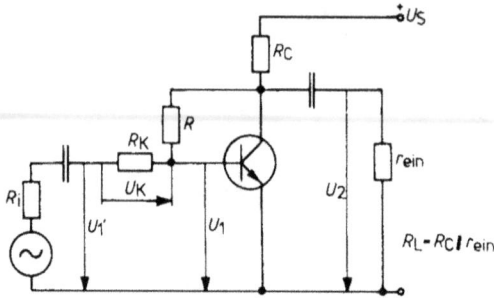

$$K = \frac{R_K}{R + R_K}$$

$$V_U \approx S \cdot R_L$$

$$V'_U \approx \frac{S \cdot R_L}{1 + K \cdot S \cdot R_L}$$

Operationsverstärkerschaltung

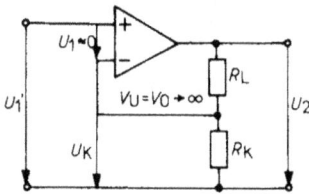

$$U'_1 = U_1 + U_K \approx U_K$$

$$V'_U = \frac{R_K + R_L}{R_K} = 1 + \frac{R_L}{R_K}$$

6.2 Impulstechnik

6.2.1 RC-Integrier-Glied

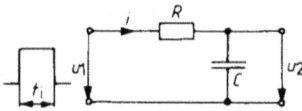

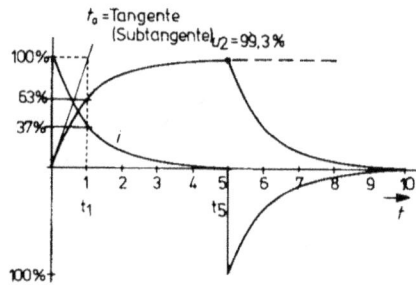

$$t_1 = \tau = R \cdot C$$

$$t_5 = 5\,\tau$$

Bei $t = \tau$ ist die Kondensatorspannung u_2 auf $\approx 63\%$ von U_1 angestiegen.
Bei $t = 5\,\tau$ ist $u_2 \approx U_1$

Einschalten (Ladung)

$$u_2 = U_1(1 - e^{-\frac{t}{\tau}})$$

$$i = I_0 \cdot e^{-\frac{t}{\tau}}$$

$$I_0 = \frac{U_1}{R} = I_{max}$$

Ausschalten (Entladung)

$$u_2 = U_1 \cdot e^{-\frac{t}{\tau}}$$

$$i = - I_0 \cdot e^{-\frac{t}{\tau}}$$

Allgemein gilt:

$$u_2 \bigg|_{\tau \ll t_i} = \frac{1}{\tau} \int_0^t u_1(t)\, dt$$

t = Zeit in s

τ = Zeitkonstante in s

I_0 = Strom in Einschaltaugen-
blick in A

I_{max} = Maximalwert des Stromes
in A

t_i = Impulsdauer in s

6.2.2 RL-Integrier-Glied

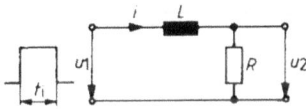

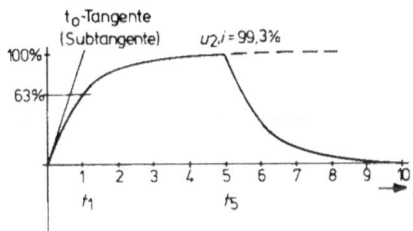

$$t_1 = \tau = \frac{L}{R}$$

$$t_5 = 5\tau$$

Bei $t = \tau$ ist die Ausgangsspannung u_2 und der Strom i auf 63 % von U_1 bzw. I_{max} angestiegen.

Einschalten

$$u_2 = U_1(1 - e^{-\frac{t}{\tau}})$$

$$i = I_{max}(1 - e^{-\frac{t}{\tau}})$$

$$I_{max} = \frac{U_1}{R}$$

Ausschalten

$$u_2 = U_1 \cdot e^{-\frac{t}{\tau}}$$

$$i = I_{max} \cdot e^{-\frac{t}{\tau}}$$

Allgemein gilt:

$$u_2\bigg|_{\tau \ll t_i} = \frac{1}{\tau} \int_0^t u_1(t)\, dt$$

6.2.3 RC-Differenzier-Glied

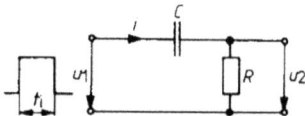

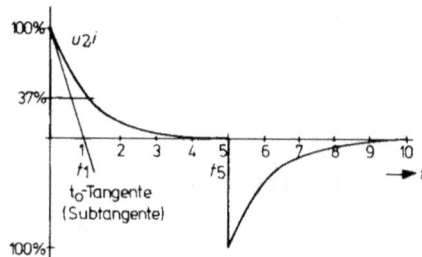

$$t_1 = \tau = R \cdot C$$

$$t_5 = 5\tau$$

Bei $t = \tau$ ist die Ausgangsspannung u_2 und der Ladestrom i auf 37% von U_1 bzw. I_0 abgesunken.

Einschalten

$$u_2 = U_1 \cdot e^{-\frac{t}{\tau}}$$

$$i = I_0 \cdot e^{-\frac{t}{\tau}}$$

$$I_0 = \frac{U_1}{R} = I_{max}$$

Ausschalten

$$u_2 = -U_1 \cdot e^{-\frac{t}{\tau}}$$

$$i_2 = -I_0 \cdot e^{-\frac{t}{\tau}}$$

Allgemein gilt:

$$u_2 \Big|_{\tau \ll t_i} = \tau \, \frac{d u_1}{dt}$$

6.2.4 RL-Differenzier-Glied

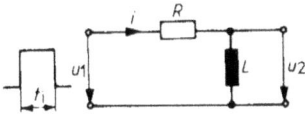

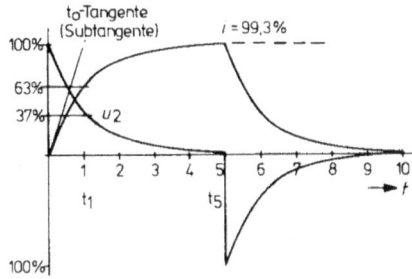

$$t_1 = \tau = \frac{L}{R}$$

$$t_5 = 5\,\tau$$

Bei $t = \tau$ ist der Strom i auf 63% von I_{max} angestiegen.
Bei $t = 5\,\tau$ ist $i \approx I_{max}$.

Einschalten

$$u_2 = U_1 \cdot e^{-\frac{t}{\tau}}$$

$$i = I_{max}(1 - e^{-\frac{t}{\tau}})$$

$$I_{max} = \frac{U_1}{R}$$

Ausschalten

$$u_2 = -U_1 \cdot e^{-\frac{t}{\tau}}$$

$$i = I_{max} \cdot e^{-\frac{t}{\tau}}$$

Allgemein gilt:

$$u_2 \Big|_{\tau \ll t_i} = \tau \, \frac{d u_1}{dt}$$

6.2.5 Ausgangsimpulsformen mit $\tau = f(t_i)$

Integrierende Schaltungen

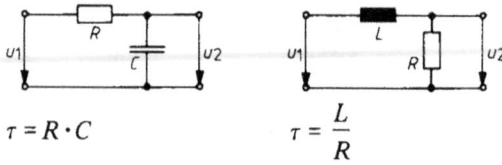

$$\tau = R \cdot C \qquad\qquad \tau = \frac{L}{R}$$

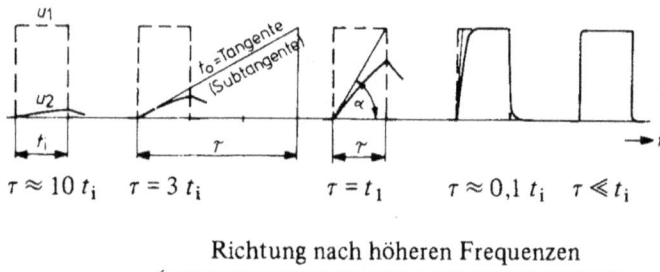

$\tau \approx 10\, t_i \qquad \tau = 3\, t_i \qquad\qquad \tau = t_1 \qquad \tau \approx 0{,}1\, t_i \qquad \tau \ll t_i$

Richtung nach höheren Frequenzen

Differenzierende Schaltungen

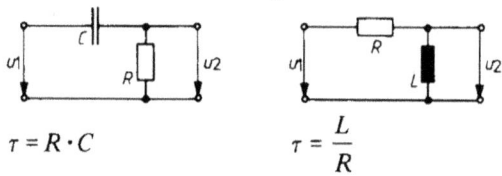

$$\tau = R \cdot C \qquad\qquad \tau = \frac{L}{R}$$

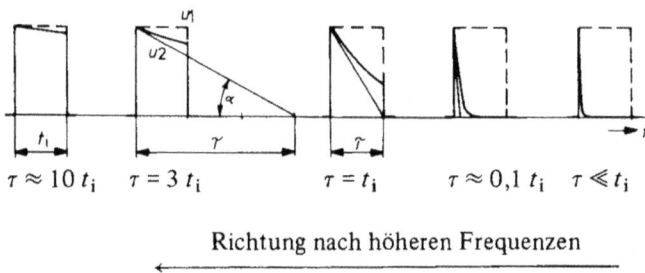

$\tau \approx 10\, t_i \qquad \tau = 3\, t_i \qquad\qquad \tau = t_i \qquad \tau \approx 0{,}1\, t_i \qquad \tau \ll t_i$

Richtung nach höheren Frequenzen

Steigung der Subtangenten: $\tan \alpha = \dfrac{U_1}{\tau}$

6.2.6 Integrierer mit Operationsverstärker

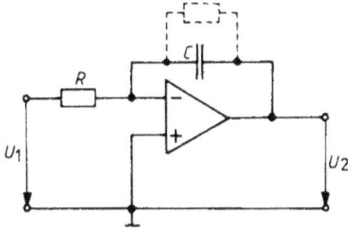

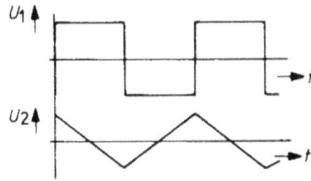

$$U_2 = -\frac{1}{\tau}\int_0^t U_1 \, \mathrm{d}t \approx -\frac{1}{\tau} \cdot U_1 \cdot \Delta t$$

$$\tau = R \cdot C$$

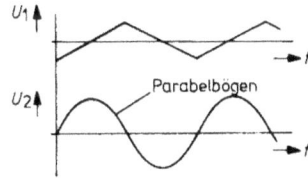

Parabelbögen

Bei sinusförmiger Ansteuerung

$$\underline{V}'_U = \frac{-1}{j\omega \cdot R \cdot C}$$

$$|\underline{V}'_U| = \frac{X_C}{R} = \frac{1}{\omega \cdot R \cdot C}$$

$$\varphi = 90°$$

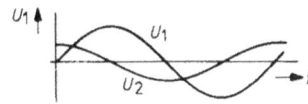

$\underline{V}'_U$ = Spannungsverstärkung bei
sinusförmiger Ansteuerung

6.2.7 Differenzierer mit Operationsverstärker

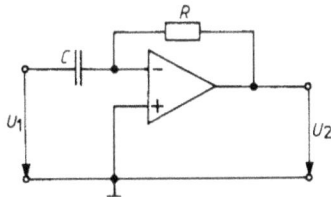

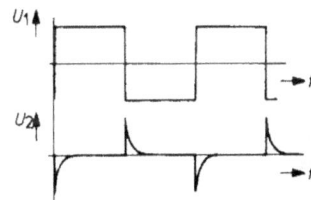

$$U_2 = -\tau \frac{\mathrm{d}U_1}{\mathrm{d}t} \approx -\tau \frac{\Delta U_1}{\Delta t}$$

$$\tau = R \cdot C$$

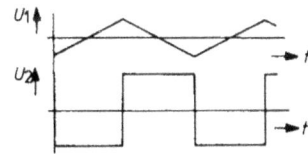

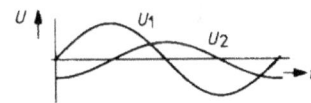

Bei sinusförmiger Ansteuerung

$$\underline{V}'_U = -j\omega \cdot R \cdot C$$

$$|\underline{V}'_U| = \frac{R}{X_C} = \omega \cdot R \cdot C$$

$$\varphi = -90°$$

6.2.8 Diode als Schalter
An Gleichspannung

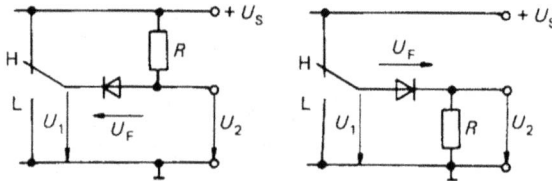

$$U_{1H} \rightarrow U_2 \approx U_S \qquad\qquad U_{1H} \rightarrow U_2 = U_S - U_F$$

$$U_{1L} \rightarrow U_2 = U_F \qquad\qquad U_{1L} \rightarrow U_2 = \text{OV}$$

U_S = Betriebsspannung in V

U_F = Durchlaßspannung der Diode in V

Für NF-Signale [3]

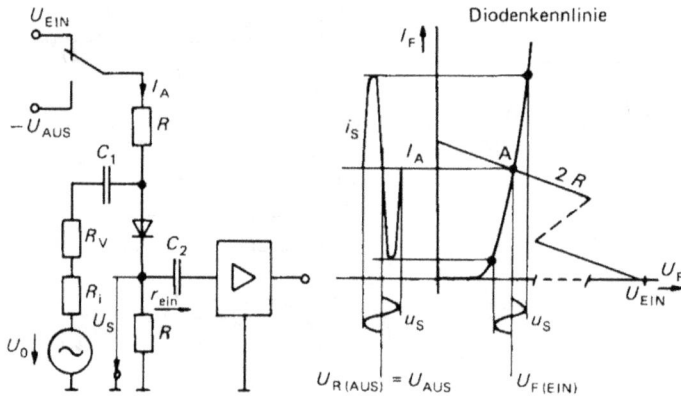

Diodenkennlinie

$$R_G = R_V + R_i$$

$$u_S = U_0 \frac{R}{R + R_G}$$

$$\hat{U}_S = U_S \sqrt{2}$$

$$\hat{I}_S = I_S \sqrt{2}$$

U_{EIN} = Einschaltspannung in V

U_{AUS} = Ausschaltspannung in V

I_A = Diodenstrom im Arbeitspunkt (aus Kennlinie) in A

R_V = Möglicher Vorwiderstand in Ω

6.2.9 Transistor als Schalter

Übertragungskennlinie (beide Spannungsachsen gleicher Maßstab)

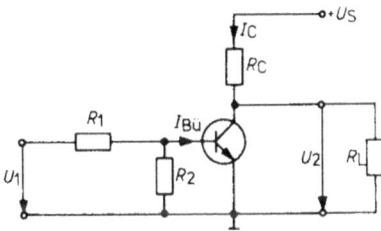

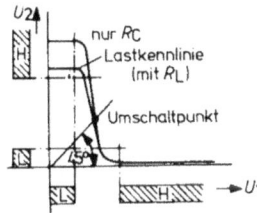

Für den leitenden Zustand gilt:

$$I_C \approx \frac{U_S}{R_C}$$

$$I_B = \frac{I_C}{B_{min}}$$

$$I_{B\ddot{u}} \approx \ddot{u} \cdot I_B$$

$$R_1 \approx B_{min} \frac{R_C}{\ddot{u}}$$

$$R_2 \approx 0,5 \dots 2 \cdot R_1$$

U_S = Betriebsspannung in V

U_1 = Eingangsspannung in V

U_2 = Ausgangsspannung in V

I_C = Kollektorstrom in A

I_B = Basisstrom in A

$I_{B\ddot{u}}$ = Übersteuerungs-Basisstrom in A

$\ddot{u}$ $\approx$ 1 ... 3 = Übersteuerungsfaktor

B_{min} = Kleinste Gleichstromverstärkung

R_1, R_2 = Basisspannungsteilerwiderstände in Ω

„H" = H-Pegel (high-Pegel)

„L" = L-Pegel (low-Pegel)

6.2.10 Astabile Multivibratoren

Mit Transistoren

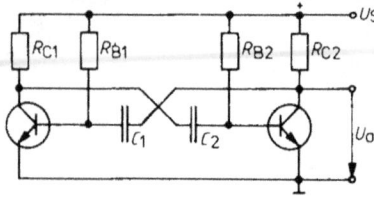

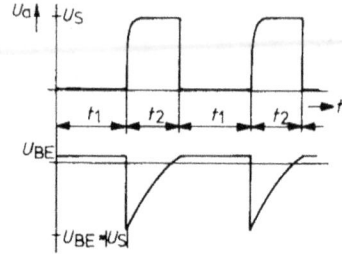

$t_1 = 0,69 \cdot R_{B1} \cdot C_1$ t_1 = Pausendauer in s

$t_2 = 0,69 \cdot R_{B2} \cdot C_2$ t_2 = Impulsdauer in s

$T = t_1 + t_2$ T = Periodendauer in s

$f = \dfrac{1}{T}$ f = Frequenz in Hz

U_a = Ausgangsspannung in V

Wenn: $R_{B1} = R_{B2} = R_B$ und: $C_1 = C_2 = C$;

$$f = \frac{1}{1,38 \cdot R_B \cdot C}$$

Berechnung von R_B und R_C s. 6.2.9. Man macht $ü \approx 1 \dots 1,5$

Versteilerung der Ausgangsflanke

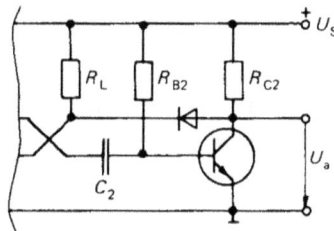

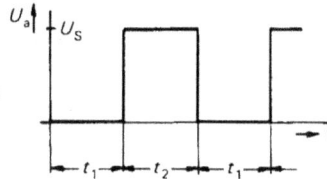

$R_B \gg R_L \geq R_C$

Mit Operationsverstärkern

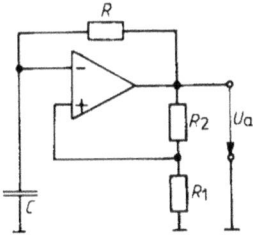

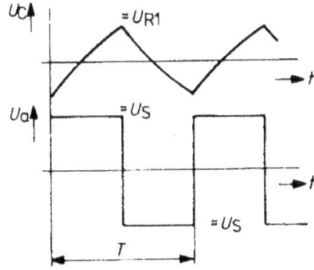

$$T \approx 2 \cdot R \cdot C \cdot \ln\left(2 \cdot \frac{R_1}{R_2} + 1\right) ;$$

wenn $R_1 = R_2$:

$$T \approx 2{,}2 \cdot R \cdot C$$

$$f = \frac{1}{T}$$

Mit TTL-NICHT-Gattern

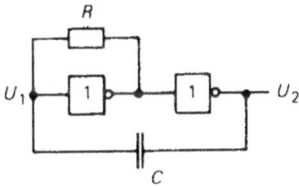

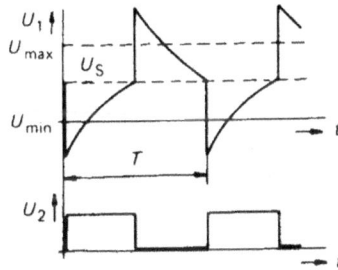

$$T = 2 \cdot R \cdot C \cdot \ln 3$$
$$T \approx 2{,}2 \cdot R \cdot C$$

$$f = \frac{1}{T}$$

U_S = Umschaltpegel der Gatter in V

R = 220 Ω vorgeschlagen = Frequenzbestimmender Widerstand in Ω

C = Frequenzbestimmender Kondensator in F

Mit Timer 555

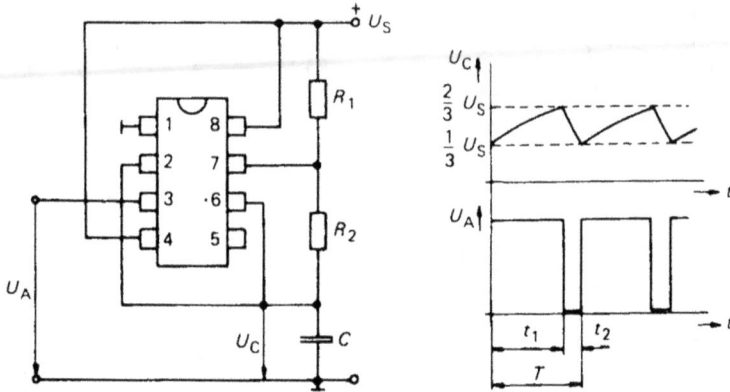

$$t_1 = \ln 2 \cdot (R_1 + R_2) \cdot C \qquad\qquad t_2 = \ln 2 \cdot R_2 \cdot C$$

$$T = t_1 + t_2$$

$$f = \frac{1{,}44}{(R_1 + 2 \cdot R_2) \cdot C}$$

6.2.11 Spezielle astabile Multivibratoren
Oszillator mit variablem Tastgrad

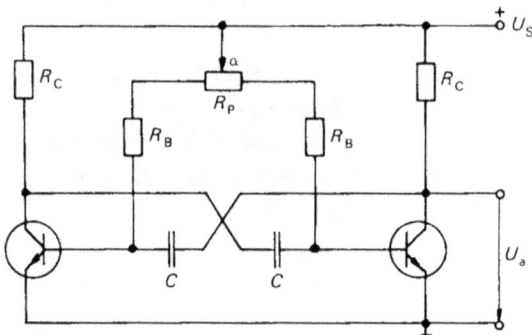

wenn $R_B = 0{,}1\, R_P$: Veränderung des Tastgrades g von 8 ... 92% möglich.

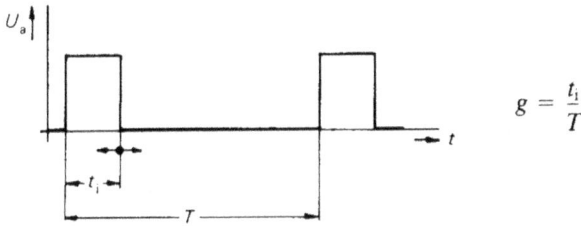

$$g = \frac{t_i}{T}$$

$$g = \frac{R_B + R_P \cdot \dfrac{\alpha}{100}}{2\,R_B + R_P} \qquad \text{wenn } R_B = 0{,}1\,R_P:$$

$$g = 0{,}0833 + \frac{\alpha}{120}$$

$R_P = $ Widerstand des linearen Potentiometers in Ω

$a \ = $ Drehwinkel des Potentiometers in %

Berechnung von R_C s. 6.2.9. Man macht $\ddot{u} = 1 \dots 1{,}5$.

$$R_P + R_B \approx B_{min} \frac{R_C}{\ddot{u}}$$

Spannungs-Frequenz-Umsetzer (VCO)

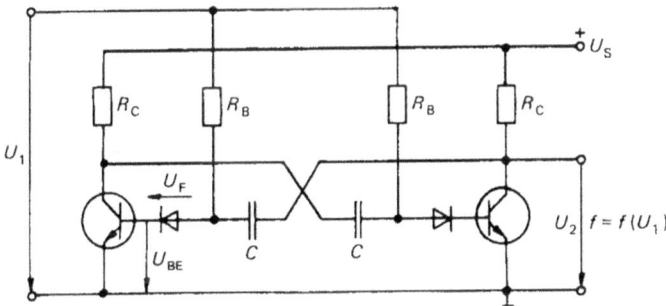

$$f = \frac{1}{2\,t} = \frac{1}{2\,R_B \cdot C \cdot \ln\left(1 + \dfrac{U_S}{U_1}\right)}$$

Berechnung von R_B und R_C s. 6.2.9. Man macht $\ddot{u} \approx 1 \dots 1{,}5$.

$U_1 > U_{BE} + U_F$

6.2.12 Monostabile Multivibratoren

Mit Transistoren

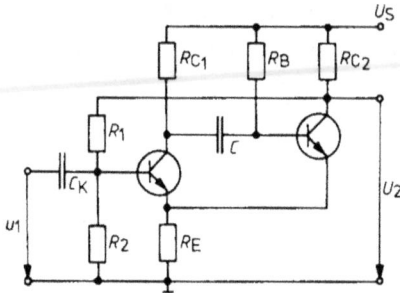

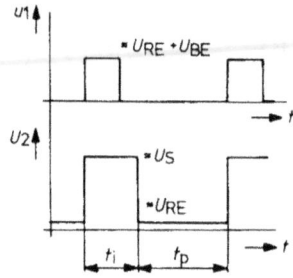

$$t_i = 0{,}69 \cdot R_B \cdot C$$
$$t_p \geqslant 5 \cdot R_{C_1} \cdot C$$

Berechnung der Widerstände s. 6.2.13. Man macht $\ddot{u} \approx 1 \ldots 1{,}5$

$$R_{C_1} > R_E \geqslant 0$$
$$u_1 \geqslant U_{BE} + U_{RE}$$

Mit Operationsverstärkern

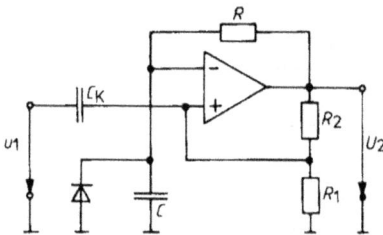

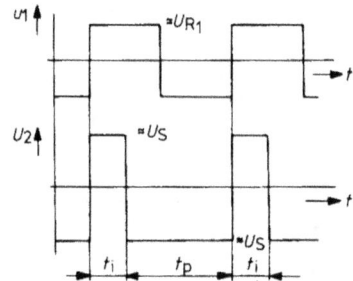

$$t_i = R \cdot C \cdot \ln\left(\frac{R_1}{R_2} + 1\right)$$

Durch Umdrehen der Diode wird mit der fallenden Flanke getriggert.

$$t_p \approx R \cdot C \cdot \ln \frac{2R_1 + R_2}{R_1 + R_2} \; ;$$

Am Ausgang entstehen negative Pulse der Dauer t_i

wenn $R_1 = R_2$:

$$t_i \approx 0.7 \cdot R \cdot C$$

$$t_p \approx 0.4 \cdot R \cdot C$$

$$u_{1min} \geqslant \frac{R_1}{R_1 + R_2} \cdot U_2$$

Mit TTL-NAND-Gattern

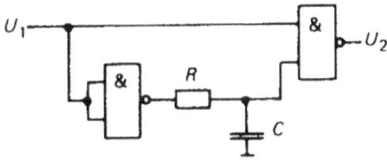

$$T \approx R \cdot C$$

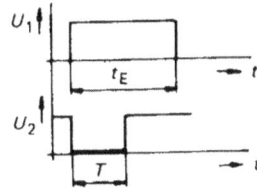

$$t_E \geqslant T$$

Mit Timer 555

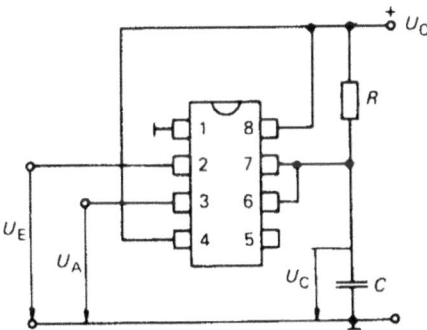

$$t = \ln 3 \cdot R \cdot C$$

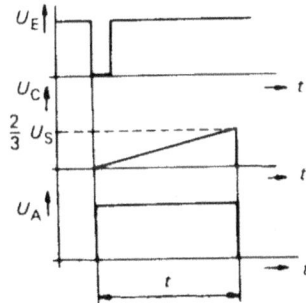

6.2.13 Schmitt-Trigger

Mit Transistoren

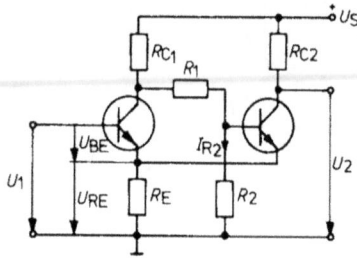

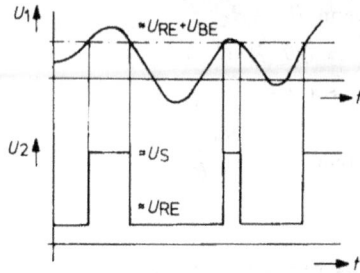

$$U_1 \geqslant U_{RE} + U_{BE}$$

$$R_E \approx \frac{U_1 - U_{BE}}{I_C}$$

$$R_{C_1} = R_{C_2} \approx \frac{U_S - U_{RE}}{I_C}$$

$$R_1 \approx \frac{U_S - U_1}{q + \ddot{u}} \cdot \frac{B_{min}}{I_C}$$

$$R_2 = \frac{U_1}{q} \cdot \frac{B_{min}}{I_C}$$

$$I_{R_2} = q \cdot I_B$$

q = Querstromfaktor
q = 2 ... 10 üblich

Mit Operationsverstärkern

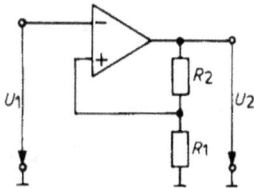

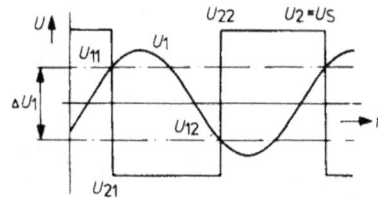

Umschaltspannungen

$$U_{11} = \frac{R_1}{R_1 + R_2} \cdot U_{22}$$

$$U_{12} = \frac{R_1}{R_1 + R_2} \cdot U_{21}$$

Schalthysterese

$$\Delta U_1 = U_{11} - U_{12} = \frac{R_1}{R_1 + R_2} \cdot (U_{22} - U_{21})$$

6.2.14 Impulsbelastbarkeit von Halbleitern

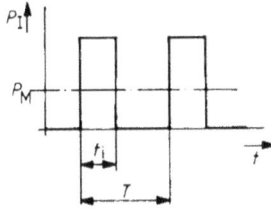

$$g = \frac{t_i}{T}$$

$$P_I \cdot t_i = P_M \cdot T$$

$$P_M = P_I \cdot \frac{t_i}{T} = P_I \cdot g$$

Ohne Kühlkörper

$$P_I = \frac{\vartheta_J - \vartheta_U}{r_{thJU}}$$

Mit Kühlkörper

$$\vartheta_J - \vartheta_U = P_M \cdot R_{thK} + P_I \cdot r_{thJG}$$

g = Tastgrad

P_I = Impulsverlustleistung in W

P_M = Effektivwert der Impuls-verlustleistung in W

r_{thJU} = Impuls-Wärmewiderstand zwischen Sperrschicht und Umgebung in KW^{-1} (aus Datenblatt)

r_{thJG} = Impuls-Wärmewiderstand zwischen Sperrschicht und Gehäuse in KW^{-1} (aus Kennlinie)

Weitere Legende s. 6.1.11

7. Meßtechnik

7.1 Meßfehler
(Fehler-Rechnung s. auch Mathematik s. 10.5.6)

Absoluter Fehler

$$x_a = x_i - x_s$$
$$x_i = x_s + x_a$$

x_a = absoluter Fehler

x_i = Istwert (gemessener Wert)

x_s = Sollwert (fehlerfreier Wert)

$x_{r\%}$ = Relativer Fehler in %

Relativer Fehler

$$x_r = \frac{x_a}{x_s} = \frac{x_i - x_s}{x_s}$$
$$x_{r\%} = x_r \cdot 100\%$$

Mittelwert aus n-Messungen

$$\bar{x} = \frac{1}{n} \cdot \sum_{i=1}^{n} x_i = \frac{x_1 + x_2 + \dots x_n}{n}$$

$x_1 \dots x_n$ = gemessene Werte

n = Anzahl der Messungen

Scheinbarer Fehler der i-ten Messung

$$v_i = \bar{x} - x_i$$

Quadrat der Abweichungen

$$\sum_{i=1}^{n} v_i^2 = v_1^2 + v_2^2 + \dots v_n^2 = [v^2]$$

Standardabweichung

$$s = \sqrt{\frac{[v^2]}{n-1}}$$

Mittlerer Fehler des Mittels

$$m_x = \frac{s}{\sqrt{n}}$$

Meßergebnis

$$x = \bar{x} \pm m_x$$

Vertrauensgrenze

$$v = \frac{t}{\sqrt{n}} \cdot s$$

n	$t_{P=95\%}$	$\dfrac{t}{\sqrt{n}}$
3	4,3	2,48
6	2,6	1,06
10	2,3	0,73
20	2,1	0,47
100	2,0	0,20

Meßergebnis

$$x = \bar{x} \pm v$$

t = Vertrauensfaktor
(s. Tabelle)

P = Statistische Sicherheit

7.2 Fehlerfortpflanzung [8]

7.2.1 Systematische Fehler

$$y = f(x_1; x_2; \dots x_n)$$

$$x_i = x_{si} + x_{ai}$$

$y; x_1 \dots x_n$ = Meßergebnis

$x_i; x_{si}; x_{ai}$ = Werte der i-ten Messung

$y_s; x_{s1} \dots x_{sn}$ = Sollwerte

$y_a; x_{a1} \dots x_{an}$ = absolute Fehler

Addition und Subtraktion mehrerer Meßwerte

Es sei: $y = x_1 + x_2 - x_3 + - \dots$

wird: $y_s + y_a = (x_{s1} + x_{a1}) + (x_{s2} + x_{a2}) - (x_{s3} + x_{a3}) + - \dots$

daraus: $y_s = x_{s1} + x_{s2} - x_{s3} + - \dots$

und: $y_a = x_{a1} + x_{a2} - x_{a3} + - \dots$

Multiplikation und Division mehrerer Meßwerte

Es sei: $y = \dfrac{x_1 \cdot x_2}{x_3} \dots$

wird: $y_s + y_a = \dfrac{(x_{s1} + x_{a1})(x_{s2} + x_{a2})}{x_{s3} + x_{a3}} \dots$

daraus: $y_r \approx x_{r1} + x_{r2} - x_{r3} \dots$

mit:
$$y_r = \frac{y_a}{y_s} \quad \text{und} \quad x_{ri} = \frac{x_{ai}}{x_{si}}$$

$$\frac{y_a}{y_s} \approx \frac{x_{a1}}{x_{s1}} + \frac{x_{a2}}{x_{s2}} - \frac{x_{a3}}{x_{s3}}$$

$y_r; x_r$ = relative Fehler

x_{ri} = relativer Fehler der i-ten Messung

x_{ai} = absoluter Fehler der i-ten Messung

x_{si} = Sollwert der i-ten Messung

7.2.2 Zufällige Fehler

Addition und Subtraktion mehrerer Meßwerte

$$y_a = \pm(|x_{a1}| + |x_{a2}| + |x_{a3}| + ...)$$

$|x_{ai}|$ = Betrag des absoluten Fehlers der i-ten Messung

Multiplikation und Division

$$y_r = \sqrt{x_{r1}^2 + x_{r2}^2 + ... x_{rn}^2} \quad \text{mit} \quad y_r = \frac{y_a}{y_s} \quad \text{und} \quad x_{ri} = \frac{x_{ai}}{x_{si}}$$

7.3 Meßwerke

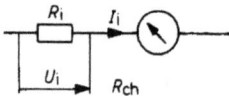

$$R_{Ch} = \frac{1}{I_i} = \frac{R_i}{U_i}$$

$$R_M = U_B \cdot R_{Ch}$$

U_i = Spannung am Meßwerk in V

I_i = Strom durch das Meßwerk in A

R_i = Innenwiderstand des Meßwerkes in Ω

R_{Ch} = „Empfindlichkeit" in $\frac{\Omega}{V}$ (auf Spannungsbereich bezogener Widerstand, Charakteristischer Widerstand)

R_M = Widerstand des Meßinstrumentes in Ω

U_B = Spannungsmeßbereich (Vollausschlag) in V

7.3.1 Genauigkeitsklassen und zulässiger Anzeigefehler

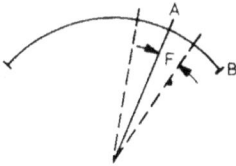

Geräteart	G
Feinmeßgeräte	0,1
	0,2
	0,5
Betriebsmeßgeräte	1
	1,5
	2,5
	5

$$G = \frac{F}{B} \cdot 100$$

$$p = \frac{F}{A} \cdot 100$$

$$p = \frac{B \cdot G}{A}$$

$$F = A \cdot \frac{p}{100}$$

F = Meßabweichung $\triangleq$ absoluter Fehler

B = Meßbereichsendwert

A = angezeigter Wert

$\pm p$ = Fehler der Messung in % (bezogen auf A)

G = Genauigkeitsklasse

7.3.2 Skalenablesung bei Vielfachmeßgeräten

$$M = \frac{A}{B} \cdot M_B$$

M = gemessener Wert

M_B = Eingestellter Meßbereich

7.4 Meßbereichserweiterung

7.4.1 Spannungsmesser

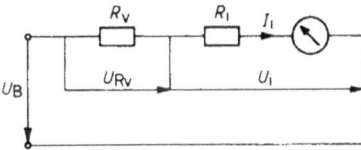

$$R_v = \frac{U_{Rv}}{I_i} = \frac{U_B - U_i}{I_i}$$

$$R_v = R_i(n - 1)$$

$$n = \frac{U_B}{U_i}$$

$$R_M = U_B \cdot R_{Ch} = R_v + R_i$$

U_{Rv} = Spannungsabfall am Vorwiderstand in V

R_v = Vorwiderstand in Ω

n = Vergrößerungsfaktor des Meßbereiches

7.4.2 Strommesser

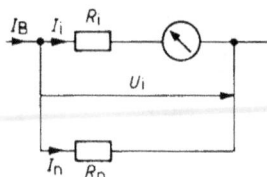

I_B = Strommeßbereich in A

I_n = Strom durch den Nebenwiderstand (Shunt) in A

R_n = Nebenwiderstand (Shunt) in Ω

$$R_n = \frac{U_i}{I_n} = \frac{U_i}{I_B - I_i}$$

$$R_n = \frac{R_i}{n-1}$$

$$n = \frac{I_B}{I_i}$$

7.5 Widerstandsmessung

7.5.1 Stromfehlerschaltung
(empfehlenswert wenn: $R_M \gg R_X$)

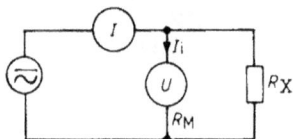

R_M = Widerstand des Spannungsmessers in Ω

R_X = unbekannter Widerstand in Ω

$$R_X \approx \frac{U}{I} \qquad R_X = \frac{U}{I - I_i}$$

7.5.2 Spannungsfehlerschaltung
(empfehlenswert wenn: $R_M \ll R_X$)

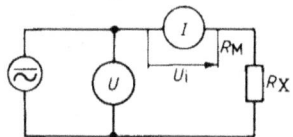

R_M = Widerstand des Strommessers in Ω

$$R_X \approx \frac{U}{I} \qquad R_X = \frac{U - U_i}{I}$$

7.5.3 Meßbrücken

Allgemeine Abgleichbedingungen.

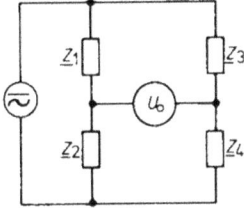

$\underline{Z}_{1\ldots4}$ = Komplexe Brückenwiderstände in Ω

$\underline{Z}$ = $Z \cdot e^{j\varphi}$ = Exponentialform des komplexen Widerstandes in Ω

$|\underline{Z}|$ = Betrag des komplexen Widerstandes in Ω

φ = Phasenwinkel des komplexen Widerstandes in Grad

$$\frac{\underline{Z}_1}{\underline{Z}_2} = \frac{\underline{Z}_3}{\underline{Z}_4} ; \quad \text{für} \quad U_0 = 0\text{V}$$

(Komplexe Rechnung s. 4.5.4 und 10.4.8).

$$\frac{Z_1 \, e^{j\varphi_1}}{Z_2 \, e^{j\varphi_2}} = \frac{Z_3 \, e^{j\varphi_3}}{Z_4 \, e^{j\varphi_4}} ; \quad \text{daraus wird:}$$

$$\frac{|\underline{Z}_1|}{|\underline{Z}_2|} = \frac{|\underline{Z}_3|}{|\underline{Z}_4|} ; \quad \text{und:}$$

$$\varphi_1 - \varphi_2 = \varphi_3 - \varphi_4$$

Schleifdrahtbrücke

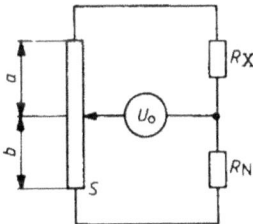

R_X = Unbekannter Widerstand in Ω

R_N = Nennwiderstand in Ω (Normalwiderstand)

S = Schleifdraht

a, b = Schleifdrahtlängen in mm

$$R_X = R_N \frac{a}{b} ; \quad \text{für} \quad U_0 = 0\text{V}$$

Widerstands-Kapazitäts- oder Induktivitätsmeßbrücke

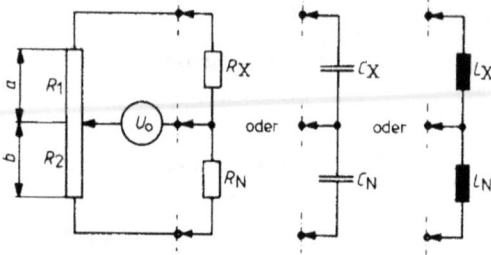

$$R_X = R_N \frac{R_1}{R_2}$$

C_X = Unbekannte Kapazität in F

C_N = Nennkapazität in F

$$C_X = C_N \frac{R_2}{R_1}$$

L_X = Unbekannte Induktivität in H

L_N = Nenninduktivität in H

$$L_X = L_N \frac{R_1}{R_2}; \quad \text{wenn} \quad R_1 = R_2:$$

$$R_X = R_N$$
$$C_X = C_N$$
$$L_X = L_N$$

oder mit Schleifdrahtbrücke:

$$R_X = R_N \frac{a}{b}$$

$$C_X = C_N \frac{b}{a}$$

$$L_X = L_N \frac{a}{b}$$

7.6 Kapazitätsmessung durch Spannungs-Strom-Messung

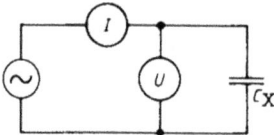

X_C = Blindwiderstand des Kondensators in Ω

C_X = unbekannte Kapazität in F

ω = $2\pi f$ = Kreisfrequenz in s^{-1}

$$X_C = \frac{U}{I} = \frac{1}{\omega C_X}$$

$$C_X = \frac{1}{\omega} \frac{I}{U}$$

7.7 Induktivitätsmessung durch Spannungs-Strom-Messung

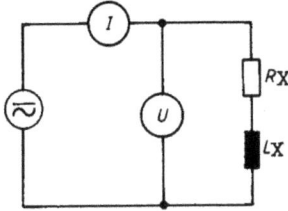

R_X = ohm'scher Widerstand (Drahtwiderstand) der Induktivität
in Ω

U_- = Meßgleichspannung in V

I_- = Meßgleichstrom in A

Z = Scheinwiderstand der Induktivität in Ω

$U_\sim$ = Meßwechselspannung in V

$I_\sim$ = Meßwechselstrom in A

X_L = Blindwiderstand der Induktivität in Ω

L_X = unbekannte Induktivität in H

ω = $2\pi f$ = Kreisfrequenz in s^{-1}

$$R_X = \frac{U_-}{I_-}$$

$$Z = \frac{U_\sim}{I_\sim}$$

$$X_L = \sqrt{Z^2 - R_X^2}$$

$$L_X = \frac{X_L}{\omega}$$

wenn $Z \gg R_X$, kann auf die Gleich-
spannungsmessung verzichtet werden

$$L_X \approx \frac{1}{\omega} \frac{U_\sim}{I_\sim}$$

7.8 Messungen mit dem Oszilloskop

7.8.1 Spannungsmessung

$$u_{pp} = A_y \cdot l_y$$

$$U = \frac{u_{pp}}{2 \cdot \sqrt{2}} = \frac{A_y \cdot l_y}{2 \cdot \sqrt{2}}$$

(Sinus, andere Kurvenformen
s. 3.2 ... 8)

u_{pp} = Doppelte Spitzenspannung
in V

A_y = Ablenkfaktor in y-Richtung
in $\frac{V}{Sk}$ oder $\frac{V}{cm}$

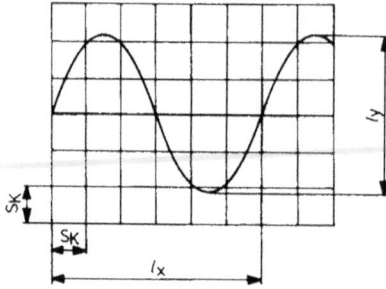

Sk = Skalenteil (Rastereinheit)
(meist) in cm

l_y = Strahlauslenkung in y-Rich-
tung in cm

U = Effektivwert der Wechselspannung in V

7.8.2 Zeitmessung

$$T = A_x \cdot l_x$$

$$f = \frac{1}{T} = \frac{1}{A_x \cdot l_x}$$

T = Periodendauer in s

A_x = Ablenkfaktor in x-Richtung

in $\frac{s}{Sk}$ oder $\frac{s}{cm}$

l_x = Länge einer Periode in cm

f = Frequenz in Hz

7.8.3 Phasenmessung mit Lissajous-Figuren (sinusförmiger Vorgang)

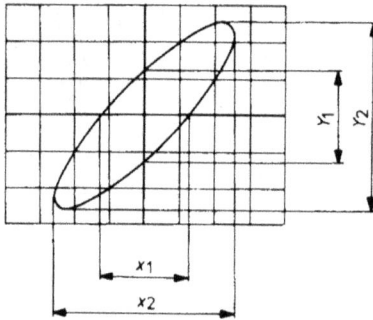

wenn $U_x = U_y$

$0°$ $90°$ $180°$

$$\sin \varphi = \frac{x_1}{x_2}$$

$$\varphi = \arcsin \frac{x_1}{x_2}, \quad \text{oder:}$$

$$\sin \varphi = \frac{y_1}{y_2}$$

$$\varphi = \arcsin \frac{y_1}{y_2}$$

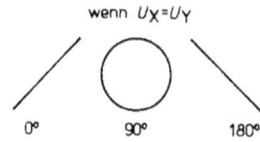

U_x = Spannung am Horizontalein-
gang des Oszilloskop in V

U_y = Spannung am Vertikalein-
gang des Oszilloskop in V

φ = Phasenverschiebungswinkel
in Grad

x_1 = Länge an der x-Achse in cm

x_2 = Gesamtlänge in cm

y_1 = Länge an der y-Achse in cm

y_2 = Gesamtlänge in cm

8. Regelungstechnik

8.1 Grundbegriffe

8.1.1 Blockschaltbild einer Regelung

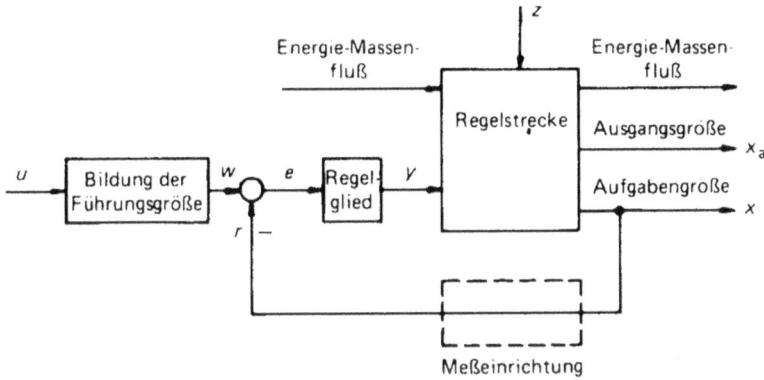

Energie-Massen-
fluß

z

Energie-Massen-
fluß

Regelstrecke

Ausgangsgröße

x_a

u Bildung der
Führungsgröße w e Regel-
glied y

Aufgabengröße

x

r $-$

Meßeinrichtung

$$e = w - x = x_d = -x_w$$
$$x_w = x - w$$

u = Eingangsgröße

w = Führungsgröße

z = Störgröße

e = Regeldifferenz
(alte Norm x_d)

y = Stellgröße

x = Regelgröße

x_a = Aufgabengröße

x_w = Regelabweichung
(alte Norm)

r = Rückführgröße

8.1.2 Signalflußpläne

Verzweigungsstelle   Additionsstelle

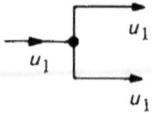

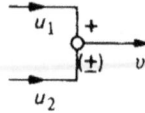

$$v = u_1 \pm u_2$$

Übertragungsbeiwert

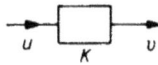

$$K = \frac{v}{u}$$

lineares Bauteil   nichtlineares Bauteil

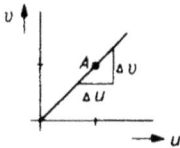

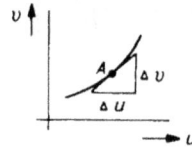

$$K = \frac{\Delta v}{\Delta u}, \quad \text{oder:} \quad K = \frac{v}{u}$$

$$K = \frac{dv}{du} \approx \frac{\Delta v}{\Delta u}$$

Kettenstruktur   Parallelstruktur

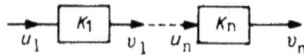

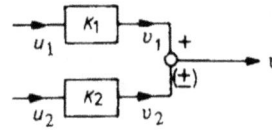

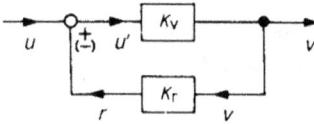

$$\frac{v_n}{u_1} = K_1 \cdot K_2 \dots K_n$$

$$v = u_1 \cdot K_1 \pm u_2 \cdot K_2$$

Kreisstruktur   Rechenzeichen

$$- \begin{cases} K_v \cdot K_r > 0 \rightarrow \text{Mitkopplung} \\ K_v \cdot K_r < 0 \rightarrow \text{Gegenkopplung} \end{cases}$$

$$(+) \begin{cases} K_v \cdot K_r > 0 \rightarrow \text{Gegenkopplung} \\ K_v \cdot K_r < 0 \rightarrow \text{Mitkopplung} \end{cases}$$

$$\frac{v}{u} = \frac{K_v}{(1(\mp) K_v \cdot K_r)}$$

K_v = Vorwärtsübertragungsbeiwert

K_r = Rückwärtsübertragungsbeiwert

8.1.3 Zeitverhalten von Übertragungsgliedern, Strecken, Reglern

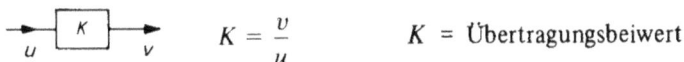

$$K = \frac{v}{u}$$ $K = $ Übertragungsbeiwert

Eingangsfunktion   Ausgangsfunktion (Beispiele)

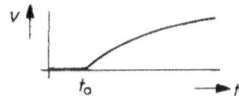

Sprungverhalten

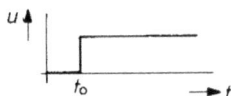

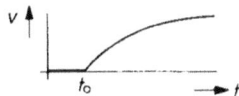

Sprungfunktion   Sprungantwort

Impulsverhalten

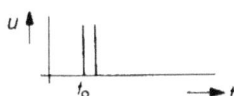

Impulsfunktion   Impulsantwort

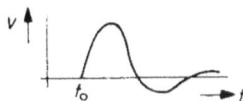

Anstiegsverhalten

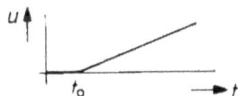

Anstiegsfunktion   Anstiegsantwort

Verhalten bei sinusförmigen Eingangssignalen

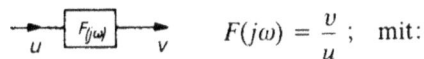

$$F(j\omega) = \frac{v}{u} \; ; \quad \text{mit:}$$

$$\omega = 2\pi f \, ; \quad T = \frac{1}{f} \, ; \quad \varphi = f(j\omega)$$

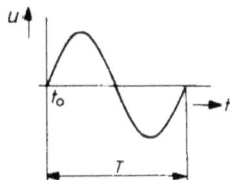

Sinusfunktion   Sinusantwort

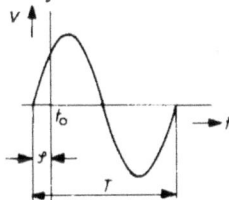

8.1.4 Frequenzgangverhalten von Übertragungsgliedern, Strecken, Reglern
(Beispiel: Verzögerungsglied 1. Ordnung)

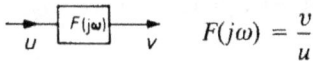

$$F(j\omega) = \frac{v}{u}$$

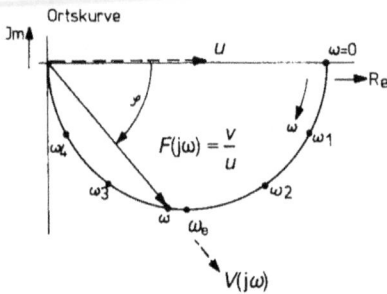

$F(j\omega)$ = Frequenzgang (komplex)

Jm   = Imaginär

Re   = Real

ω_e = Kreisfrequenz für
$\varphi = -45°$

Bode-Diagramm (Amplituden- und Phasengang)

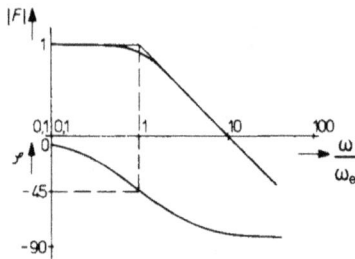

$|F|$ = Amplitudenverhältnis
(Amplitudengang)

φ = Phasenwinkel in Grad
(Phasengang)

$$F(j\omega) = \frac{v}{u}$$

$$F \quad = \frac{1}{1 + j\omega T} \; ; \quad \text{mit:} \quad T = \frac{1}{\omega_e}$$

$$|F| \quad = \frac{|v|}{|u|} = \frac{1}{\sqrt{1 + (\omega T)^2}}$$

$$\varphi \quad = \arctan \frac{\text{Im}}{\text{Re}}$$

$$\varphi \quad = -\arctan \omega T$$

8.2 Elementare Regelglieder [2], [8]

8.2.1 P-Glied

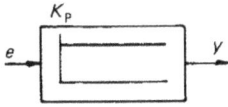

K_P = Proportionalbeiwert

e = Eingangssignal
  (Regeldifferenz)

y = Ausgangssignal
  Stellgröße)

Sprungfunktion

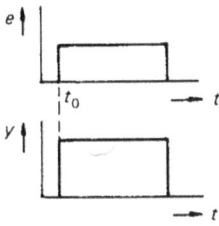

Bode-Diagramm*

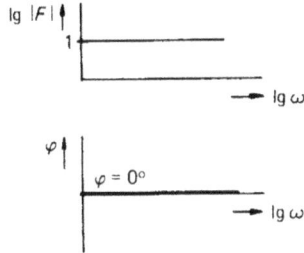

$y = K_P \cdot e$

$$F_{(j\omega)} = \frac{y_{(j\omega)}}{e_{(j\omega)}} = K_P$$

$$F_{(j\omega)}^* = 1$$

$$|F| = \frac{y}{e} = \text{Amplitudenverhältnis}$$

Elektronische Schaltung

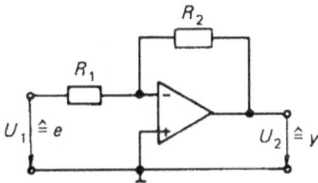

$$U_2 = -\frac{R_2}{R_1} \cdot U_1 = -K_P \cdot U_1$$

$$K_P = \frac{R_2}{R_1}$$

* normiert

8.2.2 I-Glied

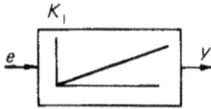

K_I = Integrationsbeiwert

Sprungfunktion   Bode-Diagramm

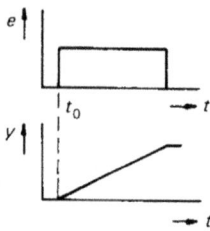

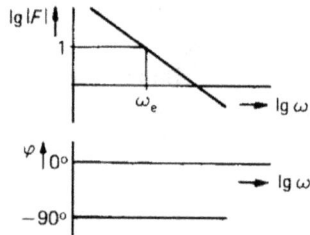

$$y = K_1 \cdot e \cdot t$$

$$y = K_I \int e \, dt$$

$$F_{(j\omega)} = \frac{y_{(j\omega)}}{e_{(j\omega)}} = \frac{K_I}{j\omega}$$

$$F_{(j\omega)} = \frac{1}{j \dfrac{\omega}{\omega_e}}$$

Elektronische Schaltung

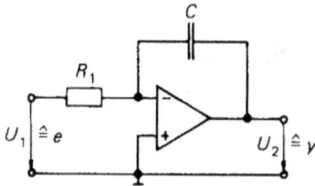

$$\omega_e = \frac{1}{T}$$

ω_e = Eckfrequenz

T = Zeitkonstante

$$U_2 = - \frac{1}{R_1 \cdot \omega C} \cdot U_1 = - \frac{K_I}{\omega} \cdot U_1$$

$$K_I = \frac{1}{R_1 \cdot C} = \frac{1}{T}$$

$$T = R_1 \cdot C$$

8.2.3 D-Glied

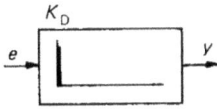

K_D = Differenzierbeiwert

Anstiegsfunktion

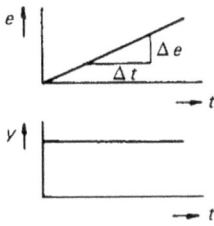

Bode-Diagramm

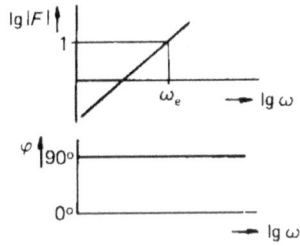

$$y = K_D \frac{\Delta e}{\Delta t}$$

$$y = K_D \frac{de}{dt}$$

$$F_{(j\omega)} = \frac{y_{(j\omega)}}{e_{(j\omega)}} = K_D \cdot j\omega$$

$$F_{(j\omega)} = j \frac{\omega}{\omega_e}$$

$$\omega_e = \frac{1}{T}$$

Elektronische Schaltung

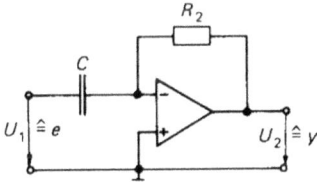

$$U_2 = -R_2\,\omega C \cdot U_1 = -K_D \cdot \omega \cdot U_1$$

$$K_D = R_2 \cdot C = T$$

8.2.4 Verzögerungsglied 1. Ordnung

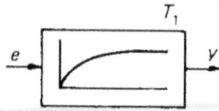

T_1

e ⟶ ⟶ y

T = Zeitkonstante

Sprungfunktion　　　　　　　**Bode-Diagramm**

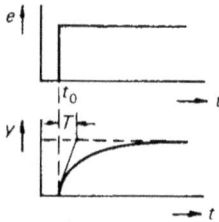

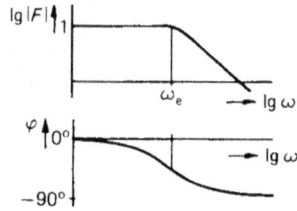

e

t_0 ⟶ t

$\lg |F|$

ω_e ⟶ $\lg \omega$

y

T

⟶ t

φ　$0°$

⟶ $\lg \omega$

$-90°$

$$F_{(j\omega)} = \frac{1}{1 + j\omega T}$$

$$y = e(1 - e^{-\frac{t}{T}})$$

$$|F| = \frac{1}{\sqrt{1 + (\omega T)^2}}$$

$$F_{(j\omega)} = \frac{1}{1 + j\dfrac{\omega}{\omega_e}}$$

Elektronische Schaltung

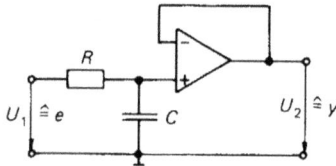

$$\omega_e = \frac{1}{T}$$

$$\varphi = -\arctan \omega T$$

R

$U_1 \mathrel{\hat{=}} e$　C　$U_2 \mathrel{\hat{=}} y$

$$U_2 = U_1(1 - e^{-\frac{t}{T}})$$
$$T = R \cdot C$$

8.2.5 Totzeitglied

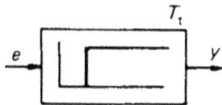

T_t

e ⟶ ⟶ y

T_t = Totzeit

Sprungfunktion   Bode-Diagramm

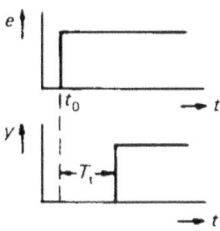

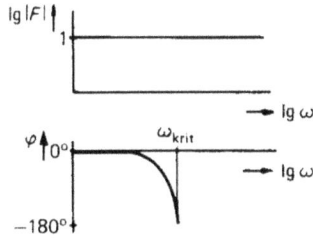

$$y = e$$

$$\omega_{Krit} = \frac{\pi}{T_t}$$

$$F_{(j\omega)} = e^{-j\omega T_t}$$

$$\varphi = \omega T_t$$

8.2.6 Regelverstärker mit Vergleicher

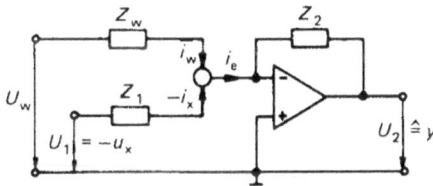

$$i_e = i_w - i_x = \frac{U_w}{Z_w} - \frac{U_x}{Z_1}$$

$$U_2 = -\left(\frac{Z_2}{Z_w} \cdot U_w + \frac{Z_2}{Z_1} \cdot U_1\right)$$

8.3 Zusammengesetzte Regelglieder*

8.3.1 P-T$_1$-Glied

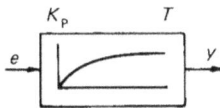

* Weitere Regelglieder – auch höherer Ordnung – lassen sich aus einzelnen darge-
stellten Regelgliedern zusammensetzen.

Sprungfunktion   Bode-Diagramm

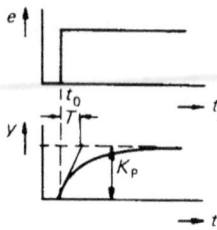

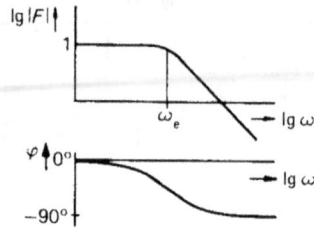

$$y = e \cdot K_P(1 - e^{-\frac{t}{T}})$$

$$F_{(j\omega)} = \frac{K_P}{1 + j\omega T}$$

$$|F| = \frac{1}{\sqrt{1 + (\omega T)^2}}$$

$$F_{(j\omega)} = \frac{1}{1 + j\,\dfrac{\omega}{\omega_e}}$$

$$\omega_e = \frac{1}{T}$$

$$\varphi = -\arctan \omega T$$

Elektronische Schaltung

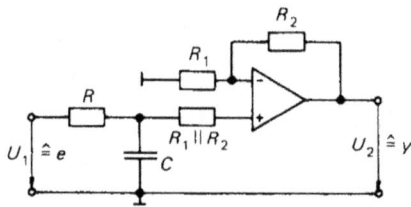

$$U_2 = -\left(1 + \frac{R_2}{R_1}\right) \cdot (1 - e^{-\frac{t}{T}}) \cdot U_1$$

$$U_2 = -K_P(1 - e^{-\frac{t}{T}}) \cdot U_1$$

$$K_P = 1 + \frac{R_2}{R_1} \; ; \qquad T = R \cdot C$$

8.3.2 D-T₁-Glied

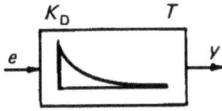

Sprungfunktion

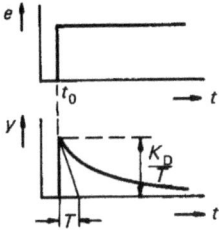

$$y = e \cdot \frac{K_D}{T} \cdot e^{-\frac{t}{T}}$$

Bode-Diagramm

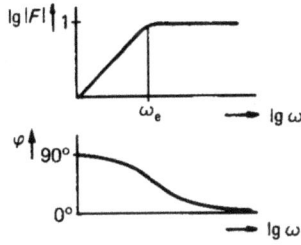

$$F_{(j\omega)} = \frac{K_D \cdot j\omega}{1 + j\omega T}$$

$$|F| = \frac{K_D \cdot \omega}{\sqrt{1 + (\omega T)^2}}$$

$$F_{(j\omega)} = \frac{j \dfrac{\omega}{\omega_e}}{1 + j \dfrac{\omega}{\omega_e}}$$

$$\omega_e = \frac{1}{T}$$

$$\varphi = 90° - \arctan \omega T$$

Elektronische Schaltung

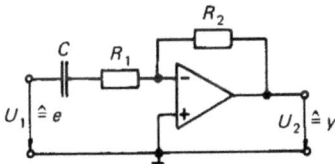

$$U_2 = -\frac{\omega \cdot R_2 \cdot C}{1 + \omega R_1 \cdot C} \cdot U_1$$

$$U_2 = -\frac{\omega \cdot K_D}{1 + \omega T} \cdot U_1$$

$$K_D = R_2 \cdot C ; \qquad T = R_1 \cdot C$$

8.3.3 PI-Glied

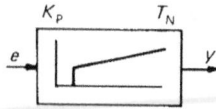

Sprungfunktion   Bode-Diagramm

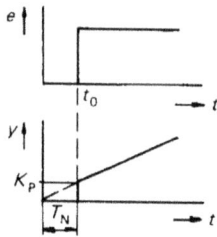

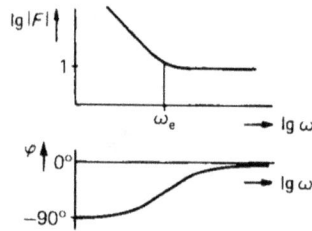

$$y = e \cdot (K_P + K_I \cdot t)$$

$$F_{(j\omega)} = K_P\left(1 + \frac{1}{j\omega\,T_N}\right)$$

$$y = e \cdot K_P\left(1 + \frac{t}{T_N}\right)$$

$$|F| = K_P\sqrt{1 + \left(\frac{1}{\omega\,T_N}\right)^2}$$

$$K_I = \frac{K_P}{T_N}$$

$$F_{(j\omega)} = 1 + \frac{1}{j\,\dfrac{\omega}{\omega_e}}$$

Elektronische Schaltung

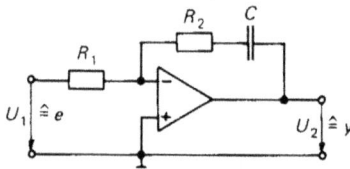

$$\omega_e = \frac{1}{T_N}$$

$$\varphi = \arctan \omega\,T_N - 90°$$

$$U_2 = -\frac{R_2}{R_1}\left(1 + \frac{1}{\omega C\,R_2}\right) \cdot U_1$$

$$U_2 = -K_P\left(1 + \frac{1}{\omega\,T_N}\right) \cdot U_1$$

$$K_P = \frac{R_2}{R_1} \;; \quad T_N = R_2 \cdot C$$

8.3.4 PD-Glied

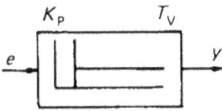

Anstiegsfunktion

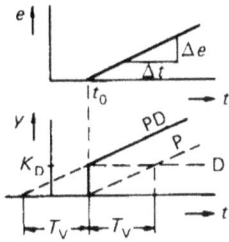

Bode-Diagramm

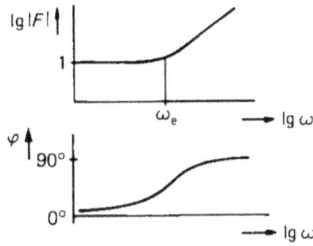

$$y = e \cdot K_P + K_D \frac{\Delta e}{\Delta t}$$

$$T_V = \frac{K_D}{K_P}$$

$$F_{(j\omega)} = K_P(1 + j\omega T_V)$$
$$|F| = K_P \sqrt{1 + (\omega T_V)^2}$$

$$F_{(j\omega)} = 1 + j \frac{\omega}{\omega_e}$$

$$\omega_e = \frac{1}{T_V}$$

$$\varphi = \arctan \omega T_V$$

Elektronische Schaltung

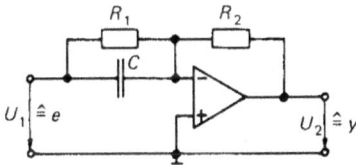

$$U_2 = -\frac{R_2}{R_1}(1 + R_1 \omega C) \cdot U_1$$

$$U_2 = -K_P(1 + \omega T_V) \cdot U_1$$

$$K_P = \frac{R_2}{R_1}; \quad T_V = R_1 \cdot C$$

8.3.5 PD-T_1-Glied

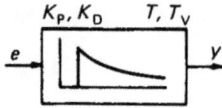

$$K_P, K_D \qquad T, T_V$$

e $\longrightarrow$ y

Sprungfunktion   **Bode-Diagramm**

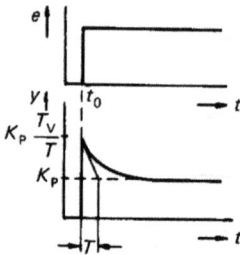

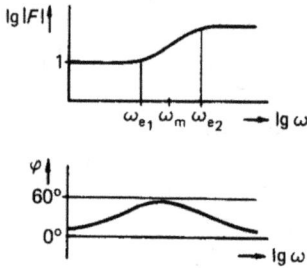

$$y = e \cdot K_P\left(1 + \left(\frac{T_V}{T} - 1\right) e^{-\frac{t}{T}}\right) \qquad F_{(j\omega)} = K_P \frac{1 + j\omega T_V}{1 + j\omega T}$$

$$T_V = \frac{K_D}{K_P} \qquad\qquad |F| = K_P \sqrt{\frac{1 + (\omega T_V)^2}{1 + (\omega T)^2}}$$

$$F_{(j\omega)} = \frac{1 + j \dfrac{\omega}{\omega_{e_1}}}{1 + j \dfrac{\omega}{\omega_{e_2}}}$$

$$\omega_{e_1} = \frac{1}{T_V} \; ; \qquad \omega_{e_2} = \frac{1}{T} \; ;$$

$$\omega_m = \frac{1}{\sqrt{T_V T}}$$

$$\varphi = \arctan \omega T_V - \arctan \omega T$$

$$\varphi_m = \arctan \sqrt{\frac{T_V}{T}} \arctan \sqrt{\frac{T}{T_V}}$$

PP-T_1-Glied, wenn: $T_V < T$

Elektronische Schaltung

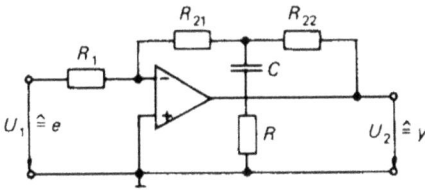

$$U_2 = - K_P \frac{1 + \omega T_V}{1 + \omega T} \cdot U_1$$

$$K_P = \frac{R_{21} + R_{22}}{R_1} \; ; \qquad T_V = \left(\frac{R_{21} \cdot R_{22}}{R_{21} + R_{22}} + R \right) \cdot C$$

$$T = R \cdot C$$

Man wählt: $T = 0,1 \dots 0,5 \cdot T_V$

8.3.6 PID-T₁-Glied

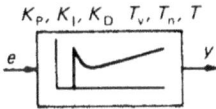

Sprungfunktion   Bode-Diagramm

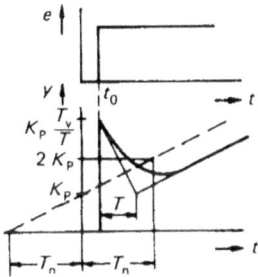

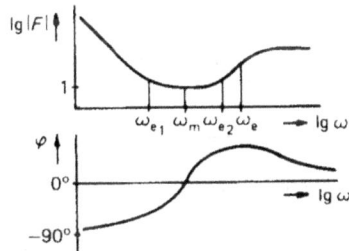

$$y = e \cdot \left(K_P + K_I (t - T) - \left(K_P - K_I \cdot T - \frac{K_D}{T} \right) e^{-\frac{t}{T}} \right)$$

mit: $K_I = \dfrac{K_P}{T_n}$

und: $K_D = K_P \cdot T_V$

Man wählt: $T_n > 4 T_V$

und: $T_V \geqslant 5 T$

$$F_{(j\omega)} = K_P\left(\left(1 + \frac{1}{j\omega T_n}\right) \frac{1 + j\omega T_V}{1 + j\omega T}\right)$$

$$|F| = K_P\left(\sqrt{1 + \left(\frac{1}{\omega T_n}\right)^2} \cdot \sqrt{\frac{1 + (\omega T_V)^2}{1 + (\omega T)^2}}\right)$$

$$F_{(j\omega)} = \left(1 + \frac{1}{j\,\dfrac{\omega}{\omega_{e_1}}}\right) \frac{1 + j\,\dfrac{\omega}{\omega_{e_2}}}{1 + j\,\dfrac{\omega}{\omega_e}}$$

$$\omega_{e_1} = \frac{1}{T_n} \;; \qquad \omega_{e_2} = \frac{1}{T_V} \;; \qquad \omega_m = \frac{1}{\sqrt{T_n \cdot T_V}} \;;$$

$$\omega_e = \frac{1}{T}$$

$$\varphi = \arctan\left(\omega T_V - \frac{1}{\omega T_n}\right) - \arctan \omega T$$

Elektronische Schaltung

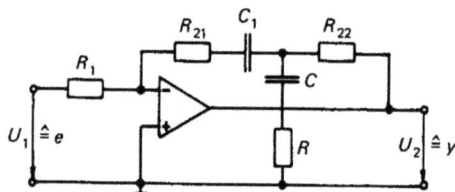

$$U_2 = -K_P \frac{1 + \dfrac{1}{\omega T_n} + \omega T_V}{1 + \omega T} \cdot U_1$$

$$T_n = C_1(R_{21} + R_{22}) + C(R_{22} + R)$$

$$K_P = \frac{T_n}{R_1 \cdot C_1}$$

$$T_V = \frac{(R_{21} \cdot R_{22} + R \cdot R_{21} + R \cdot R_{22}) \cdot C_1 \cdot C}{T_n}$$

$$T = R \cdot C$$

8.4 Dynamische Kenngrößen der Regelstrecke

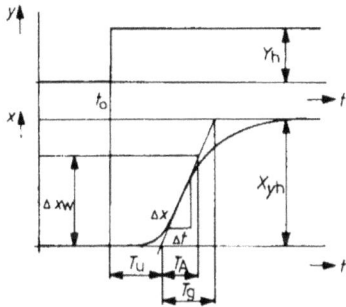

$$K_S = \frac{X_{yh}}{Y_h}$$

$$A = \frac{1}{\dfrac{\Delta x}{\Delta t}} \quad \text{wenn:} \quad y = Y_h\,; \quad \text{oder:} \quad z = Z_h$$

wenn $\Delta y < Y_h$ gilt:

$$A = \frac{1}{\dfrac{\Delta x}{\Delta t}} \cdot \frac{\Delta y}{Y_h}$$

$$T_A = A \cdot \Delta x_w$$

$$T_g = A \cdot X_{Yh}$$

$$T_g = A \cdot K_S \cdot Y_h$$

Y_h = Stellbereich

Z_h = Störbereich

A = Anlaufwert

T_A = Anlaufzeit in s

T_u = Verzugszeit in s

T_g = Ausgleichszeit in s

K_S = Übertragungsbeiwert

s. auch Legende 8.1.1

Regelbarkeit

T_g/T_u	Regelbarkeit
> 10	gut
≈ 6	noch möglich
≈ 3	schwierig
< 1	kaum noch

9. Digitaltechnik

9.1 Zahlensysteme

9.1.1 Zahlendarstellung

$$Z = \sum_{i=-\infty}^{+n} z_i B^i = z_n B^n + \ldots z_2 B^2 + z_1 B^1 + z_0 B^0 + z_{-1} B^{-1} + \\ + z_{-2} B^{-2} + \ldots z_{-\infty} B^{-\infty}$$

$B = 2 \rightarrow$ Dualsystem $\qquad \rightarrow z = 0; 1$

$B = 8 \rightarrow$ Oktalsystem $\qquad \rightarrow z = 0; 1; \ldots 6; 7$

$B = 10 \rightarrow$ Dezimalsystem $\qquad \rightarrow z = 0; 1; \ldots 8; 9$

$B = 16 \rightarrow$ Hexadezimalsystem $\rightarrow z = 0; 1; \ldots 14; 15*$

$\qquad$ (Sedezimalsystem) $\qquad$ *Darstellung s. Tabelle

$Z =$ Zahl

$B =$ Basis

9.1.2 Zahlenaufbau

$z =$ Multiplikationsfaktor

Dual	Oktal	Dezimal	Hexadezimal	
$\ldots 2^4\ 2^3\ 2^2\ 2^1\ 2^0$	$\ldots 8^1\ 8^0$	$\ldots 10^1\ 10^0$	$\ldots 16^1\ 16^0$	Wertigkeit
0 0 0 0 0	0	0	0	
0 0 0 0 1	1	1	1	
0 0 0 1 0	2	2	2	
0 0 0 1 1	3	3	3	
0 0 1 0 0	4	4	4	
0 0 1 0 1	5	5	5	
0 0 1 1 0	6	6	6	
0 0 1 1 1	7	7	7	
0 1 0 0 0	10	8	8	
0 1 0 0 1	11	9	9	
0 1 0 1 0	12	10	A	
0 1 0 1 1	13	11	B	
0 1 1 0 0	14	12	C	
0 1 1 0 1	15	13	D	
0 1 1 1 0	16	14	E	
0 1 1 1 1	17	15	F	
1 0 0 0 0	20	16	10	
1 0 0 0 1	21	17	11	
1 0 0 1 0	22	18	12	
1 0 0 1 1	23	19	13	
1 0 1 0 0	24	20	14	
1 0 1 0 1	25	21	15	
$\vdots$	$\vdots$	$\vdots$	$\vdots$	

9.1.3 Vorrat an Elementen

$n = B^b$; wenn $\quad B = 2$ (z.B. Dualsystem: 0; 1) wird:

$n = 2^b$

n = Maximale Anzahl der unter- $\quad$ B = Menge der Zeichen oder Ziffern
schiedlichen Worte (Zeichen- $\quad$ b = Anzahl der Stellen je Wort
folgen)

9.1.4 Entscheidungsinhalt

$N = \log_B n$; wenn $\quad B = 2$: $\qquad$ $N \equiv b$ = Anzahl bit pro Wort

$N = \log_2 n = \operatorname{ld} n$ $\qquad\qquad$ $\operatorname{ld} n$ = Dualer Logarithmus

$\qquad\qquad\qquad\qquad\qquad\qquad$ $\operatorname{ld} n$ = $3,32193 \lg n$

9.1.5 Redundanz

$R = \operatorname{ld} n - \operatorname{ld} n' = 3,322 \, (\lg n - \lg n')$

$R = \operatorname{ld} \dfrac{n}{n'} = 3,322 \lg \dfrac{n}{n'}$ $\qquad$ n' $\quad$ = Anzahl der in einem Code
$\qquad\qquad\qquad\qquad\qquad\qquad\qquad\qquad$ ausgenutzten Worte

9.1.6 Rechenregeln für Dualzahlen

Addition

$0 + 0 = 0$
$1 + 0 = 1$
$0 + 1 = 1$
$1 + 1 = 0$, Übertrag 1

Subtraktion

$0 - 0 = 0$
$1 - 0 = 1$
$0 - 1 = 1$ und 1 v. höherer Stelle
$1 - 1 = 0$ $\qquad\qquad\qquad$ geborgt

Multiplikation

$0 \cdot 0 = 0$
$1 \cdot 0 = 0$
$0 \cdot 1 = 0$
$1 \cdot 1 = 1$

Division

$0 : 0 =$ unbestimmt
$1 : 0 =$ unbestimmt
$0 : 1 = 0$
$1 : 1 = 1$

9.2 Schaltalgebra

9.2.1 Verknüpfungszeichen nach DIN 66000

NICHT	¬	—	Bemerkung: Der Strich steht über dem negierten Buchstaben oder Term
UND	∧	·	Bemerkung: Diese Zeichen (·, +) sind zulässig, wenn die Zeichen (∧, ∨) drucktechnisch nicht zur Verfü-
ODER	∨	+	gung stehen.

9.2.2 Gegenüberstellung der Schaltsymbole

	7.84	DIN 7.76	11.63	ASA Typ A	ASA Typ B	British Standard
Negation am Eingang						
Negation am Ausgang						
NICHT $y = \bar{a}$						
UND $y = a \cdot b$						
ODER $y = a + b$						
NAND $y = \overline{a \cdot b}$						
NOR $y = \overline{a + b}$						
Äquivalenz (EXNOR) $y = a \cdot b + \bar{a} \cdot \bar{b}$						
Antivalenz (EXOR) $y = a \cdot \bar{b} + \bar{a} \cdot b$						

9.2.3 TTL- und C MOS-Pegel und Kompatibilität [10]

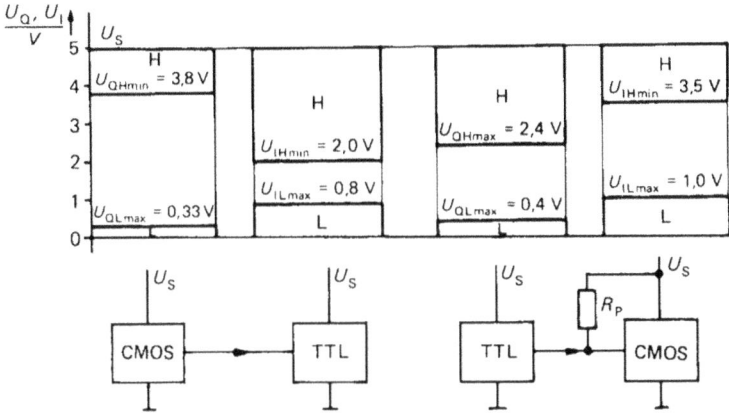

$\dfrac{U_Q,\ U_I}{V}$

U_S

5

4 — U_{QHmin} = 3,8 V

3

2

1 — U_{QLmax} = 0,33 V

0

H

H

U_{IHmin} = 2,0 V

U_{ILmax} = 0,8 V

L

H

U_{QHmax} = 2,4 V

U_{QLmax} = 0,4 V

H

U_{IHmin} = 3,5 V

U_{ILmax} = 1,0 V

L

U_S U_S U_S R_P U_S

| CMOS | → | TTL | | TTL | → | CMOS |

Stromgrenzwerte		TTL	C MOS
Eingangsströme	I_{IL}	$-1,6\,\mathrm{mA}$	$-1\,\mu A$
	I_{IH}	$40\,\mu A$	$1\,\mu A$
Ausgangsströme	I_{QL}	$16\,\mathrm{mA}$	$4\,\mathrm{mA}$
	I_{QH}	$-0,4\,\mathrm{mA}$	$-4\,\mathrm{mA}$

Pull up-Widerstand R_P

$$R_{Pmin} = \frac{U_{Smax} - U_{QLmax(CMOS)}}{I_{QL(TTL)} - n \cdot I_{IL(CMOS)}}$$

und:

$$R_{Pmax} = \frac{U_{Smin} - U_{IHmin(CMOS)}}{n \cdot I_{IH(CMOS)}}$$

n = Anzahl der beschalterten C MOS-Eingänge

Bei Berücksichtigung der maximalen Signalanstiegszeit am C MOS Eingang wird:

$$R_{Pmax} = \frac{t}{\ln\left(1 - \dfrac{U_{IH(CMOS)}}{U_{Smin}}\right) \cdot C_i}$$

t = Signalanstiegszeit in s

C_i = Gesamtkapazität des TTL-Ausgangs und des C MOS-Eingangs in F

9.2.4 Gesetze und Rechenregeln

Merke: NICHT vor UND vor ODER

$\overline{0} = 1$	$\overline{1} = 0$	$\overline{\overline{a}} = a$	NICHT-Verknüpfung

$a \cdot b \cdot c \cdot \dots z = y$ UND-Verknüpfung

$a + b + c + \dots z = y$ ODER-Verknüpfung

$$a \cdot a \cdot a = a \qquad\qquad a + a + a = a$$
$$a \cdot b \cdot c \cdot 1 = a \cdot b \cdot c \qquad\qquad a + b + c + 1 = 1$$
$$a \cdot b \cdot c \cdot 0 = 0 \qquad\qquad a + b + c + 0 = a + b + c$$
$$a \cdot \overline{a} = 0 \qquad\qquad a + \overline{a} = 1$$

Kommutativgesetze

$$a \cdot b = b \cdot a \qquad\qquad a + b = b + a$$

Assoziativgesetze

$$(a \cdot b) \cdot c = a \cdot (b \cdot c) \qquad\qquad (a + b) + c = a + (b + c)$$

Distributivgesetze

$$(a + b) \cdot c = a \cdot c + b \cdot c \qquad\qquad (a \cdot b) + c = (a + c) \cdot (b + c)$$
$$(a + b) \cdot (c + d) = \qquad\qquad (a \cdot b) + (c \cdot d) =$$
$$\quad = a \cdot c + a \cdot d + b \cdot c + b \cdot d \qquad\qquad = (a + c) \cdot (a + d) \cdot (b + c) \cdot (b + d)$$

Inversionsgesetze (De Morgan'sche Gesetze)

$$\overline{a \cdot b} = \overline{a} + \overline{b} \qquad\qquad \overline{a + b} = \overline{a} \cdot \overline{b}$$

Nützliche Umformungen

$$a + \overline{a} \cdot b = a + b \qquad\qquad a \cdot \overline{b} + b = a + b$$
$$\overline{a} + (a \cdot \overline{b}) = \overline{a} + \overline{b} \qquad\qquad \overline{a} \cdot \overline{b} + b = \overline{a} + b$$
$$\overline{a} + a \cdot b = \overline{a} + b \qquad\qquad a \cdot (a + b) = a$$
$$a + (a \cdot b) = a$$

9.2.5 Wichtige Grundverknüpfungen mit zwei Eingangsvariablen in NAND- und NOR-Technik

Logische Verknüpfung	in NAND-Technik	in NOR-Technik
NICHT $y = \bar{a}$	$y = \overline{a \cdot a}$	$y = \overline{a + a}$
UND $y = a \cdot b$	$y = \overline{\overline{a \cdot b}}$	$y = \overline{\bar{a} + \bar{b}}$
ODER $y = a + b$	$y = \overline{\bar{a} \cdot \bar{b}}$	$y = \overline{\overline{a + b}}$
NAND $y = \overline{a \cdot b}$	$y = \overline{a \cdot b}$	$y = \overline{\overline{\bar{a} + \bar{b}}}$
NOR $y = \overline{a + b}$	$y = \overline{\overline{\overline{a \cdot b}}}$	$y = \overline{a + b}$
ÄQUIVALENZ (EXNOR) $y = a \cdot b + \bar{a} \cdot \bar{b}$	$y = \overline{\overline{(\overline{a \cdot b})} \cdot \overline{(a \cdot b)}}$	$y = \overline{(\overline{a + b}) + (a + \bar{b})}$
ANTIVALENZ (EXOR) $y = a \cdot \bar{b} + \bar{a} \cdot b$	$y = \overline{\overline{\overline{(a \cdot b)} \cdot \overline{(a \cdot b)}}}$	$y = \overline{\overline{(a + b)} + (a + b)}$

9.2.6 Optimale Form von Schaltfunktionen (KV-Diagramm)

Beispiel einer Funktionstabelle (Wahrheitstafel)

a	b	c	y	Minterme	Maxterme
0	0	0	0		$a + b + c$
0	0	1	1	$\bar{a} \cdot \bar{b} \cdot c$	
0	1	0	0		$a + \bar{b} + c$
0	1	1	0		$a + \bar{b} + \bar{c}$
1	0	0	1	$a \cdot \bar{b} \cdot \bar{c}$	
1	0	1	1	$a \cdot \bar{b} \cdot c$	
$\vdots$	$\vdots$	$\vdots$	$\vdots$	$\vdots$	$\vdots$

Disjunktive Normalform (DNF)

$$y = (\bar{a} \cdot \bar{b} \cdot c) + (a \cdot \bar{b} \cdot \bar{c}) + (a \cdot \bar{b} \cdot c) + \dots$$

Konjunktive Normalform (KNF)

$$y = (a + b + c) \cdot (a + \bar{b} + c) \cdot (a + \bar{b} + \bar{c}) \cdot \dots$$

Karnaugh-Veitch-Diagramm (KV-Diagramm)

1 Variable   2 Variable   3 Variable   4 Variable

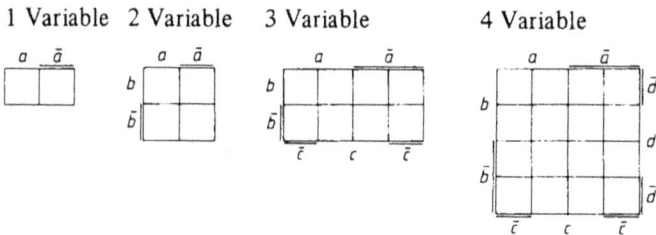

Anzahl der Felder

$$K = 2^n \qquad\qquad n = \text{Anzahl der Variablen}$$

Anzahl der zusammenfaßbaren Felder

$$K_z = 2^{n-1}$$

Daraus minimisierter Term: $y = (a \cdot b \cdot \dots) + (\bar{a} \cdot b \cdot \dots) + \dots (\bar{a} \cdot \bar{b} \cdot \dots)$

9.3 Kippschaltungen (Flip-Flop's)

9.3.1 RS-Flip-Flop

Aus NOR-Gattern

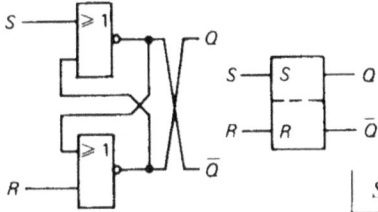

S	R	Q_{n+1}	$\bar{Q}_{n+1}$	Bemerkung
0	0	Q_n	$\bar{Q}_n$	bleibt
1	0	1	0	
0	1	0	1	
1	1	0	0	verboten

$$Q_{n+1} = S \cdot \bar{R} + \bar{R} \cdot Q_n$$

$$Q_{n+1} = \overline{R + (\overline{S + Q_n})}$$

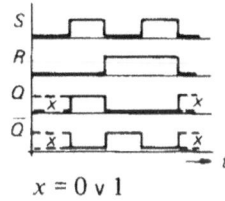

$$x = 0 \vee 1$$

Aus NAND-Gattern

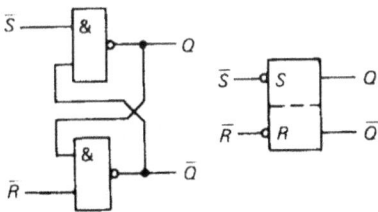

$\bar{S}$	$\bar{R}$	Q_{n+1}	$\bar{Q}_{n+1}$	Bemerkung
0	0	1	1	verboten
1	0	0	1	
0	1	1	0	
1	1	Q_n	$\bar{Q}_n$	bleibt

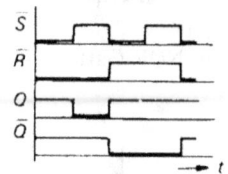

$$Q_{n+1} = S + \bar{R} \cdot Q_n$$

$$Q_{n+1} = \overline{\bar{S} \cdot (\overline{\bar{R} \cdot Q_n})}$$

9.3.2 D-Kippglied (D-Flip-Flop)

Mit statischer Ansteuerung

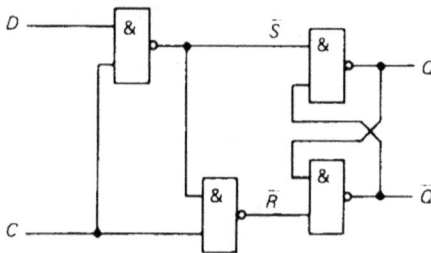

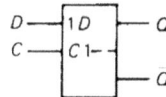

D	C	Q_{n+1}
0	0	Q_n
1	0	Q_n
0	1	0
1	1	1

Mit dynamischer Ansteuerung

$$Q_{n+1} = D$$

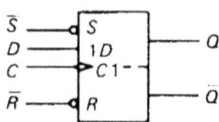

$\bar{S}$	$\bar{R}$	D	C	Q_{n+1}	Bemerkung
0	0	x	x	1	verboten
1	0	x	x	0	
0	1	x	x	1	
1	1	0	$\int$	0	
1	1	1	$\int$	1	
1	1	0	x	Q_n	

$$x = 0 \vee 1$$

$$Q_{n+1} = D \qquad \text{für } \bar{S} = \bar{R} = 1$$

9.3.3 Flankengetriggertes JK-Kippglied (JK-Flip-Flop)

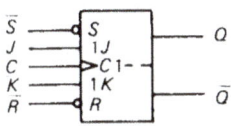

$\bar{S}$	$\bar{R}$	C	J	K	Q_{n+1}	Bemerkung
0	0	x	x	x	1	verboten
1	0	0	x	x	0	
0	1	0	x	x	1	
1	1	0	x	x	Q_n	
1	1	⌐	0	0	Q_n	gesperrt
1	1	⌐	1	0	1	
1	1	⌐	0	1	0	
1	1	⌐	1	1	0,1,..	kippt

$$Q_{n+1} = J \cdot \bar{Q}_n + \bar{K} \cdot Q_n \qquad \text{für } \bar{S} = \bar{R} = 1$$

9.3.4 Flankengetriggertes MS-JK-Kippglied (MS-JK-Flip-Flop)

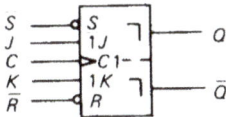

$\bar{S}$	$\bar{R}$	C	J	K	Q_{n+1}	Bemerkung
0	0	x	x	x	1	verboten
1	0	x	x	x	0	
0	1	x	x	x	1	
1	1	⊓	0	0	Q_n	gesperrt
1	1	⊓	1	0	1	
1	1	⊓	0	1	0	
1	1	⊓	1	1	0,1,..	kippt

$$Q_{n+1} = J \cdot \bar{Q}_n + \bar{K} \cdot Q_n \qquad \text{für } \bar{S} = \bar{R} = 1$$

9.3.5 T-Flip-Flop

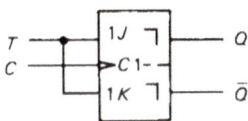

T	Q_{n+1}
0	Q_n
1	$\bar{Q}_n$

$$Q_{n+1} = T \cdot \bar{Q}_n + \bar{T} \cdot Q_n$$

$$f_{aus} = \frac{f_{ein}}{2}$$

f_{aus} = Frequenz am Ausgang $(Q \vee \bar{Q})$

f_{ein} = Frequenz am Eingang C

9.4 Komparator

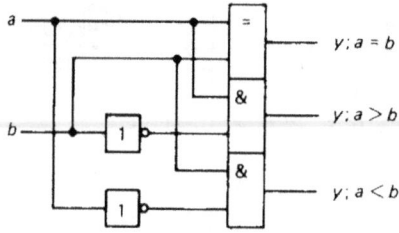

a	b	$a = b$	$a > b$	$a < b$
0	0	1	0	0
0	1	0	0	1
1	0	0	1	0
1	1	1	0	0

(Spalten $a=b$, $a>b$, $a<b$ unter y)

9.5 Addierer

9.5.1 Halbaddierer

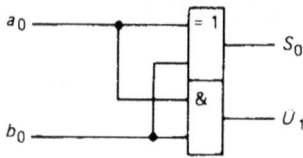

a_0	b_0	S_0	$Ü_1$
0	0	0	0
0	1	1	0
1	0	1	0
1	1	0	1

Rechenregel s. 9.1.6

9.5.2 Volladdierer

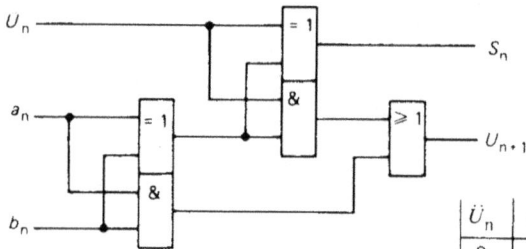

$Ü_n$	a_n	b_n	S_n	$Ü_{n+1}$
0	0	0	0	0
0	0	1	1	0
0	1	0	1	0
0	1	1	0	1
1	0	0	1	0
1	0	1	0	1
1	1	0	0	1
1	1	1	1	1

9.6 Datenübertragung

9.6.1 Multiplexer

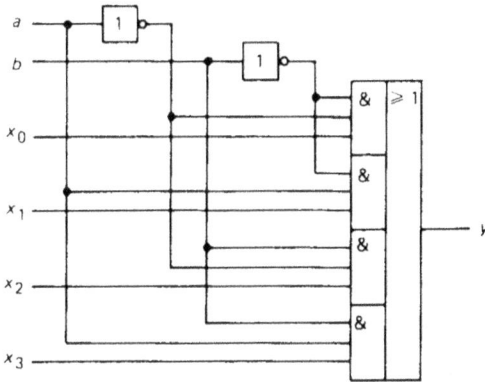

$$y = x_0 \cdot \overline{a}\,\overline{b} + x_1 \cdot a\,\overline{b} + x_2 \cdot \overline{a}\,b + x_3 \cdot a\,b$$

$$m_x = 2^n$$

a, b = Adreßeingänge

x = Dateneingänge

m_x = Anzahl der Dateneingänge

n = Anzahl der Adreßeingänge

9.6.2 Demultiplexer

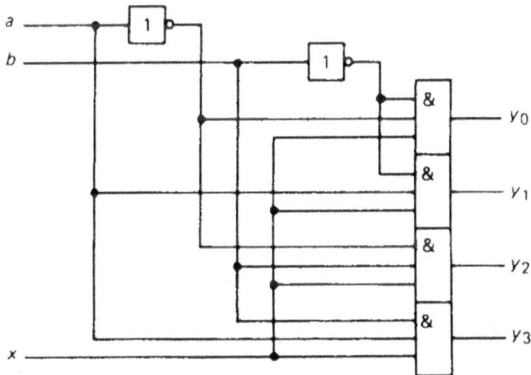

$$y_0 = x \cdot \overline{a}\,\overline{b}; \quad y_1 = x \cdot a\,\overline{b}; \quad y_2 = x \cdot \overline{a}\,b; \quad y_3 = x \cdot a\,b$$

9.7 Codeumsetzung

9.7.1 BCD ⟷ Dezimal

$$Z_{10} = A \cdot 2^0 + B \cdot 2^1 + C \cdot 2^2 + D \cdot 2^3$$

Wertigkeit	10^0	D 2^3	C 2^2	B 2^1	A 2^0	Z_{10}	Z_{10} vereinfacht
	0	0	0	0	0	$\bar{D}\cdot\bar{C}\cdot\bar{B}\cdot\bar{A} = 0$	$\bar{D}\cdot\bar{C}\cdot\bar{B}\cdot\bar{A}$
	1	0	0	0	1	$\bar{D}\cdot\bar{C}\cdot\bar{B}\cdot A = 1$	$\bar{D}\cdot\bar{C}\cdot\bar{B}\cdot A$
	2	0	0	1	0	$\bar{D}\cdot\bar{C}\cdot B\cdot\bar{A} = 2$	$\bar{C}\cdot B\cdot\bar{A}$
	3	0	0	1	1	$\bar{D}\cdot\bar{C}\cdot B\cdot A = 3$	$\bar{C}\cdot B\cdot A$
	4	0	1	0	0	$\bar{D}\cdot C\cdot\bar{B}\cdot\bar{A} = 4$	$C\cdot\bar{B}\cdot\bar{A}$
	5	0	1	0	1	$\bar{D}\cdot C\cdot\bar{B}\cdot A = 5$	$C\cdot\bar{B}\cdot A$
	6	0	1	1	0	$\bar{D}\cdot C\cdot B\cdot\bar{A} = 6$	$C\cdot B\cdot\bar{A}$
	7	0	1	1	1	$\bar{D}\cdot C\cdot B\cdot A = 7$	$C\cdot B\cdot A$
	8	1	0	0	0	$D\cdot\bar{C}\cdot\bar{B}\cdot\bar{A} = 8$	$D \quad \cdot \quad \bar{A}$
	9	1	0	0	1	$D\cdot\bar{C}\cdot\bar{B}\cdot A = 9$	$D \quad \cdot \quad A$

9.7.2 Dezimal → Sieben-Segment

Anzeige

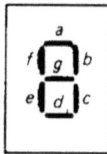

	0	1	2	3	4	5	6	7	8	9	ODER	NOR
a	1	0	1	1	0	1	1	1	1	1	$\bar{a} = 1+4$	$a = \overline{1+4}$
b	1	1	1	1	1	0	0	1	1	1	$\bar{b} = 5+6$	$b = \overline{5+6}$
c	1	1	0	1	1	1	1	1	1	1	$\bar{c} = 2$	$c = \overline{2}$
d	1	0	1	1	0	1	1	0	1	1	$\bar{d} = 1+4+7$	$d = \overline{1+4+7}$
e	1	0	1	0	0	0	1	0	1	0	$e = 0+2+6+8$	$e = \overline{0+2+6+8}$
f	1	0	0	0	1	1	1	1	0	1	$\bar{f} = 1+2+3+7$	$f = \overline{1+2+3+7}$
g	0	0	1	1	1	1	1	0	1	1	$\bar{g} = 0+1+7$	$g = \overline{0+1+7}$

9.7.3 BCD → Sieben-Segment

Nach Vereinfachung durch KV-Diagramme wird:

$$a = B + D + (A \cdot C) + (\overline{A} \cdot \overline{C})$$

$$b = \overline{C} + (A \cdot B) + (\overline{A} \cdot \overline{B})$$

$$c = A + \overline{B} + C$$

$$d = D + (\overline{A} \cdot B) + (\overline{A} \cdot \overline{C}) + (B \cdot \overline{C}) + (A \cdot \overline{B} \cdot C)$$

$$e = (\overline{A} \cdot B) + (\overline{A} \cdot \overline{C})$$

$$f = D + (\overline{A} \cdot \overline{B}) + (\overline{A} \cdot C) + (\overline{B} \cdot C)$$

$$g = D + (\overline{A} \cdot B) + (\overline{B} \cdot C) + (B \cdot \overline{C})$$

9.8 Zähler – Teiler

Übersicht

Zähl-stufen n	Ausgänge: Wertigkeit 2^{n-1}	Zählweite $0 .. 2^n - 1$	Teilung $1 \cdot 2^n$
1	$A = 2^0$	$0 .. 1$	$1 : 2$
2	$B = 2^1$	$0 .. 3$	$1 : 4$
3	$C = 2^2$	$0 .. 7$	$1 : 8$
4	$D = 2^3$	$0 .. 15$	$1 : 16$
5	$E = 2^4$	$0 .. 31$	$1 : 32$
⋮	⋮	⋮	⋮

9.8.1 Asynchronzähler – Teiler (Modulo-x-Zähler)

Bsp.: m-10-Zähler: $R = D \cdot \bar{C} \cdot B \cdot \bar{A} = 2^3 + 2^1 = 10$

$$\bar{R} = D \cdot \bar{C} \cdot B \cdot \bar{A}$$

vereinfacht: $\bar{R} = D \cdot B$

9.8.2 Zählrichtungsumschalter: Vor-Rückwärts

Vorwärts „0" U

Rückwärts „1"

$C = U \cdot \bar{Q} + \bar{U} \cdot Q$ (Antivalenz)

---

* Die Ausgänge werden nicht beschaltet; die Anschlüsse $\bar{A}$, B, C, D des Vorwahl-schalters liegen auf log „1".

9.8.3 Synchron-Zähler [5]

Methode erklärt am synchronen m-8-Zähler

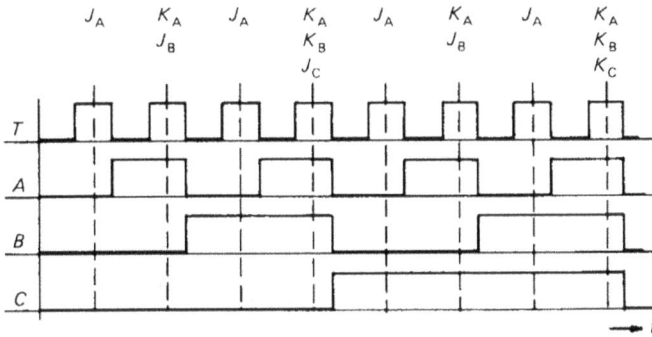

$$J_A = \bar{A}\cdot\bar{B}\cdot\bar{C} + \bar{A}\cdot B\cdot\bar{C} + \bar{A}\cdot\bar{B}\cdot C + \bar{A}\cdot B\cdot C$$

Die eigenen Eingänge werden nicht beschaltet

$$J_A = \bar{B}\cdot\bar{C} + B\cdot\bar{C} + \bar{B}\cdot C + B\cdot C = 1$$

$$K_A = A\cdot\bar{B}\cdot\bar{C} + A\cdot B\cdot\bar{C} + A\cdot\bar{B}\cdot C + A\cdot B\cdot C$$

$$K_A = \bar{B}\cdot\bar{C} + B\cdot\bar{C} + \bar{B}\cdot C + B\cdot C = 1$$

$$J_B = A\cdot\bar{B}\cdot\bar{C} + A\cdot\bar{B}\cdot C = A\cdot\bar{C} + A\cdot C = A$$

$$K_B = A\cdot B\cdot\bar{C} + A\cdot B\cdot C = A\cdot\bar{C} + A\cdot C = A$$

$$J_C = A\cdot B\cdot\bar{C} = A\cdot B$$

$$K_C = A\cdot B\cdot C = A\cdot B = J_C$$

Schaltung

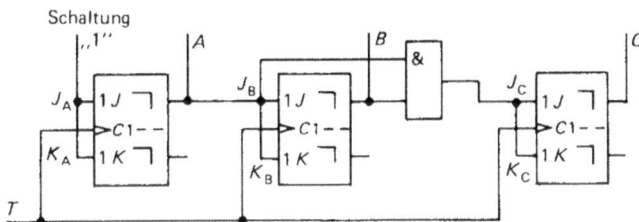

9.9 Schieberegister

9.9.1 Betriebsarten

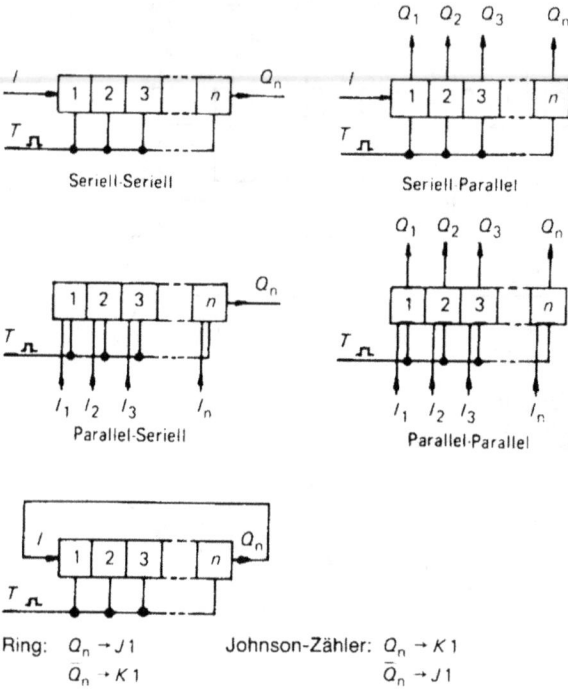

Seriell-Seriell

Seriell-Parallel

Parallel-Seriell

Parallel-Parallel

Ring: $Q_n \rightarrow J1$ Johnson-Zähler: $Q_n \rightarrow K1$
       $\bar{Q}_n \rightarrow K1$ $\bar{Q}_n \rightarrow J1$

9.9.2 Schaltung

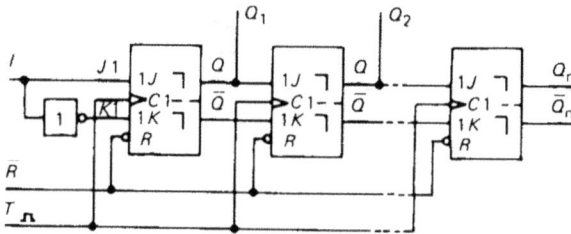

10. Mathematischer Anhang

10.1.1 Mathematische Zeichen DIN 1302

...	Und so weiter, und so weiter bis	∦	nicht parallel
=	gleich	⊥	rechtwinklig auf
≡	identisch gleich	∟	Rechter Winkel
≠	nicht gleich	≅	kongruent
≢	nicht identisch gleich	Δ	Dreieck, Delta
~	proportional, ähnlich	∢	Winkel
≈	ungefähr, annähernd gleich	$\overline{AB}$	Strecke AB
≙	entspricht	$\overset{\frown}{AB}$	Bogen AB
>	größer als	↑↑	gleichsinnig parallel
<	kleiner als	↑↓	gegensinnig parallel
≥	größer oder gleich	→	gegen, konvergiert nach
≤	kleiner oder gleich	| |	Betrag einer reellen oder
≫	sehr viel größer als		komplexen Zahl
≪	sehr viel kleiner als	∞	unendlich
‖	parallel		

10.1.2 Dezimale Vielfache und Teile von Einheiten

Zehnerpotenz	Vorsatz	Vorsatzzeichen
10^{12}	Tera	T
10^{9}	Giga	G
10^{6}	Mega	M
10^{3}	Kilo	k
10^{2}	*Hekto*	*h*
10^{1}	*Deka*	*da*
10^{-1}	*Dezi*	*d*
10^{-2}	*Zenti*	*c*
10^{-3}	Milli	m
10^{-6}	Mikro	μ
10^{-9}	Nano	n
10^{-12}	Pico	p
10^{-15}	Femto	f
10^{-18}	Atto	a

10.1.3 Griechisches Alphabet

A α	Alpha	I ι	Iota	P ρ	Rho
B β	Beta	K κ	Kappa	Σ σ s	Sigma
Γ γ	Gamma	Λ λ	Lambda	T τ	Tau
Δ δ	Delta	M μ	Mü	Υ υ	Ypsilon
E ϵ	Epsilon	N ν	Nü	Φ φ	Phi
Z ζ	Zeta	Ξ ξ	Ksi	X χ	Chi
H η	Eta	O o	Omikron	Ψ ψ	Psi
Θ ϑ	Theta	Π π	Pi	Ω ω	Omega

10.1.4 Runden von Zahlen   DIN 1333

Abrunden, wenn letzte Stelle 0, 1, 2, 3, 4.
Aufrunden, wenn letzte Stelle 9, 8, 7, 6.
Ab- oder Aufrunden wenn letzte Stelle 5, damit die verbleibende letzte
Stelle der Zahl gerade wird.

10.1.5 Interpolieren

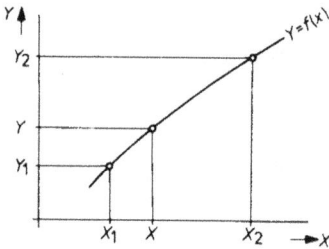

$$\frac{y - y_1}{x - x_1} \approx \frac{y_2 - y_1}{x_2 - x_1}$$

$$\frac{\Delta y}{\Delta x} \approx \frac{\Delta Y}{\Delta X}$$

$$\Delta y \approx \Delta x \, \frac{\Delta Y}{\Delta X}$$

ΔY = Tafeldifferenz

ΔX = Intervalldifferenz

$$y \approx y_1 + \Delta x \, \frac{\Delta Y}{\Delta X}$$

10.1.6 Näherungen   (Rechnen mit kleinen Größen)

$$(1 \pm \varphi)^n \approx 1 \pm n \cdot \varphi \qquad \varphi < 0,1$$

$$\frac{1}{1 \pm \varphi} \approx 1 \mp \varphi \qquad \varphi < 0,1$$

$$\sin \varphi \approx \text{arc } \varphi \approx \tan \varphi \approx 0,01745 \cdot \varphi \qquad \varphi \leqslant 6^0$$

10.1.7 Entwurf von logarithmischen Leitern

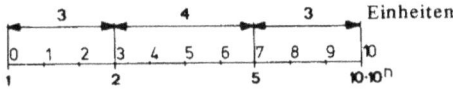

10.2 Arithmetik und Algebra

10.2.1 Vorzeichenregeln

$$(+a) \cdot (+b) = ab \qquad\qquad (+a) \cdot (-b) = -ab$$

$$(-a) \cdot (-b) = ab \qquad\qquad (-a) \cdot (+b) = -ab$$

$$\frac{(+a)}{(+b)} = \frac{a}{b} \qquad\qquad \frac{(+a)}{(-b)} = \frac{a}{-b} = -\frac{a}{b}$$

$$\frac{(-a)}{(-b)} = \frac{a}{b} \qquad\qquad \frac{(-a)}{(+b)} = \frac{-a}{b} = -\frac{a}{b}$$

10.2.2 Brüche

$$\frac{a}{b} \cdot \frac{c}{d} = \frac{ac}{bd} \qquad\qquad \frac{a}{b} : \frac{c}{d} = \frac{a}{b} \cdot \frac{d}{c} = \frac{ad}{bc}$$

$$\frac{a}{c} + \frac{b}{c} = \frac{a+b}{c} \qquad\qquad \frac{a}{mo} + \frac{b}{no} - \frac{c}{o} = \frac{an + bm - cmn}{mno}$$

10.2.3 Klammern

$$a + (b \pm c) = a + b \pm c \qquad\qquad a - (b \pm c) = a - b \mp c$$

$$a(b \pm c) = ab \pm ac \qquad\qquad -a(b \pm c) = -ab \mp ac$$

$$(a + b)(c + d) = ac + ad + bc + bd$$

$$ab + ac = a(b + c)$$

10.2.4 Verhältnisgleichungen (Proportionen)

Wenn: $\quad \dfrac{a}{b} = \dfrac{c}{d} \quad ; \quad$ wird: $\quad a \cdot d = b \cdot c$

$$\frac{a+b}{a} = \frac{c+d}{c}$$

$$\frac{a+b}{a-b} = \frac{c+d}{c-d}$$

10.2.5 Binome, Polynome

$$(a \pm b)^2 \quad = a^2 \pm 2ab + b^2$$

$$(a \pm b)^3 \quad = a^3 \pm 3a^2 b + 3ab^2 \pm b^3$$

$$(a + b + c)^2 = a^2 + b^2 + c^2 + 2ab + 2ac + 2bc$$

$$a^2 - b^2 \quad = (a + b)(a - b)$$

$$a^3 \pm b^3 \quad = (a \pm b)(a^2 \mp ab + b^2)$$

10.2.6 Mittelwerte

Arithmetisches Mittel

$$m_\text{a} = \frac{a + b + c + \dots}{n}$$

Geometrisches Mittel

$$m_\text{g} = \sqrt[n]{a \cdot b \cdot c \cdot \dots}$$

Harmonisches Mittel

$$m_\text{h} = \frac{2ab}{a + b}$$

$$m_\text{h} = \frac{1}{\dfrac{1}{n}\left(\dfrac{1}{a} + \dfrac{1}{b} + \dfrac{1}{c} + \dots\right)}$$

n = Anzahl der Glieder

$$m_\text{a} \geqslant m_\text{g} \geqslant m_\text{h}$$

10.2.7 Potenzen mit ganzzahligen Exponenten

$$a^n = a \cdot a \cdot a \cdot \dots \cdot a$$

$$a^{-n} = \frac{1}{a^n}$$

$$a^n \cdot a^m = a^{n+m}$$

$$\frac{a^n}{a^m} = a^{n-m} = \frac{1}{a^{m-n}}$$

$$a^n \cdot b^n = (a \cdot b)^n$$

$$\frac{a^n}{b^n} = \left(\frac{a}{b}\right)^n$$

$$(a^n)^m = a^{n \cdot m}$$

10.2.8 Potenzen mit Brüchen als Exponenten, Wurzeln

$$a^{\frac{1}{n}} = \sqrt[n]{a} \qquad\qquad a^{\frac{n}{n}} = \sqrt[n]{a^n} = a$$

$$a^{\frac{m}{n}} = \sqrt[n]{a^m} = (\sqrt[n]{a})^m$$

$$a^{\frac{1}{n}} \cdot a^{\frac{1}{m}} = a^{\frac{m+n}{n \cdot m}} = \sqrt[n \cdot m]{a^{m+n}}$$

$$\frac{a^{\frac{1}{n}}}{a^{\frac{1}{m}}} = a^{\frac{m-n}{n \cdot m}} = \sqrt[n \cdot m]{a^{m-n}}$$

$$(a \cdot b)^{\frac{1}{n}} = a^{\frac{1}{n}} \cdot b^{\frac{1}{n}} = \sqrt[n]{a} \cdot \sqrt[n]{b} = \sqrt[n]{a \cdot b}$$

$$\frac{a^{\frac{1}{n}}}{b^{\frac{1}{n}}} = \left(\frac{a}{b}\right)^{\frac{1}{n}} = \sqrt[n]{\frac{a}{b}} = \frac{\sqrt[n]{a}}{\sqrt[n]{b}}$$

$$(a^{\frac{1}{n}})^{\frac{1}{m}} = a^{\frac{1}{n \cdot m}} = \sqrt[n \cdot m]{a} = \sqrt[m]{\sqrt[n]{a}} = \sqrt[n]{\sqrt[m]{a}}$$

$$a \cdot b^{\frac{1}{n}} = a^{\frac{n}{n}} \cdot b^{\frac{1}{n}} = \sqrt[n]{a^n \cdot b}$$

10.2.9 Potenzen mit Dezimalbrüchen als Exponenten, Logarithmen
   s. auch 10.4.2

$$a^n = b \, ; \quad \text{dann ist:} \quad n = \log_a b$$

Dekadische (Brigg'sche) Logarithmen $a = 10$

$$n = \log_{10} b = \lg b$$

Natürliche Logarithmen $a = e = 2{,}71828\dots$

$$n = \log_e b = \ln b$$

Duale Logarithmen $a = 2$

$$n = \log_2 b = \operatorname{ld} b$$

Rechenregeln

$$\lg (a \cdot b) = \lg a + \lg b \qquad \lg \frac{a}{b} = \lg a - \lg b$$

$$\lg (a^n) = n \cdot \lg a \qquad\quad \lg \sqrt[n]{a} = \frac{1}{n} \cdot \lg a$$

Umrechnungen

$$\lg a \;=\; \lg e \cdot \ln a \;=\; \frac{\ln a}{\ln 10} \;=\; 0{,}43429 \cdot \ln a$$

$$\ln a \;=\; \ln 10 \cdot \lg a \;=\; \frac{\lg a}{\lg e} \;=\; 2{,}30259 \cdot \lg a$$

$$\operatorname{ld} a \;=\; \operatorname{ld} 10 \cdot \lg a \;=\; \frac{\lg a}{\lg 2} \;=\; 3{,}32193 \cdot \lg a$$

10.2.10 Lösen von Exponentialgleichungen

$$a^x = b$$

$$x \cdot \lg a = \lg b$$

$$x = \frac{\lg b}{\lg a}$$

10.2.11 Arithmetische Folge

$$a, a + d, a + 2d, a + 3d, \dots, a + (n - 1)d$$

10.2.12 Endliche arithmetische Reihe

$$a + (a + d) + (a + 2d) + \dots a + (n - 1)d$$

$$s_n = \frac{n}{2}(a + a_n) \qquad\qquad s_n = \text{Summe}$$

10.2.13 Arithmetische Reihe höherer Ordnung

$$\sum_{a=1}^{n} a^2 = 1^2 + 2^2 + 3^2 + 4^2 + \dots n^2 = \tfrac{1}{6} \cdot n(n + 1)(2n + 1)$$

$$\sum_{a=1}^{n} a^3 = 1^3 + 2^3 + 3^3 + 4^3 + \dots n^3 = \left(\frac{n(n + 1)}{2}\right)^2$$

10.2.14 Geometrische Folge

$$a, \; aq, \; aq^2, \; aq^3, \dots, aq^{n-1}, \dots$$

10.2.15 Endliche geometrische Reihe

$a + aq + aq^2 + ... aq^{n-1}$

$$s_n = a\,\frac{q^n - 1}{q - 1} \;\to\; q > 1$$

$$s_n = a\,\frac{1 - q^n}{1 - q} \;\to\; q < 1$$

10.2.16 Geometrische Reihe

$$s = \lim_{n \to \infty} s_n = \frac{a}{1 - q}, \quad \text{wenn:} \quad |q| < 1$$

10.3 Quadratische Gleichungen

10.3.1 Allgemeine Form

$a x^2 + bx + c = 0$

Lösung mit Lösungsformel

$$x_{1,2} = \frac{-b \pm \sqrt{b^2 - 4ac}}{2a} = \frac{-b \pm \sqrt{d}}{2a}$$

$$d = b^2 - 4ac \qquad\qquad d = \text{Diskriminante}$$

10.3.2 Normalform

$$x^2 + \frac{b}{a}x + \frac{c}{a} = 0 \qquad \frac{b}{a} = p \qquad \frac{c}{a} = q$$

$x^2 + px + q = 0$

Lösung mit Lösungsformel

$$x_{1,2} = -\frac{p}{2} \pm \sqrt{\left(\frac{p}{2}\right)^2 - q}$$

Satz von Vieta

$$x_1 + x_2 = -p$$
$$x_1 \cdot x_2 = q$$

10.4 Funktionen

Beispiel einer Funktion

$y = x^3$

Kehrfunktion

$x = y^3$ → Veränderliche vertauscht

Umkehrfunktion

$y = \sqrt[3]{x}$

Allgemein

$y = f(x)$ $x = f(y)$ $y = g(x)$

10.4.1 Häufige Funktionen

Ganze rationale Funktion

$y = a + bx + c\,x^2 + ... + m\,x^n$

Gerade (lineare Gleichung)

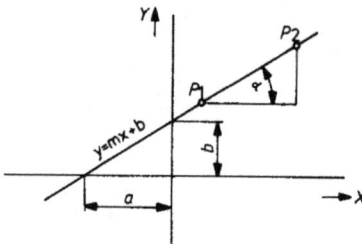

Allgemeine Form

$y = mx + b$

Steigung

$m = \tan \alpha = \dfrac{y_2 - y_1}{x_2 - x_1}$

Zwei-Punkte-Form

$\dfrac{y - y_1}{x - x_1} = \dfrac{y_2 - y_1}{x_2 - x_1}$

Punkt-Steigungsform

$y - y_1 = m(x - x_1)$

$y = m(x - a)$

Achsenabschnittsform

$\dfrac{x}{a} + \dfrac{y}{b} = 1$

Abstand zweier Punkte

$$\overline{P_2 P_1} = \sqrt{(y_2 - y_1)^2 + (x_2 - x_1)^2}$$

Mitte der Strecke $P_2 P_1$

$$x_M = \frac{x_1 + x_2}{2} \qquad y_M = \frac{y_1 + y_2}{2}$$

Schnittwinkel zweier Geraden

$$\tan \delta = \frac{m_2 - m_1}{1 + m_1 \cdot m_2} ; \quad \text{wenn } g_1 \perp g_2 :$$

$$m_1 = -\frac{1}{m_2}$$

Parabel (quadratische Gleichung)

$$y = a x^2 + bx + c$$

Gebrochene rationale Funktion

$$y = \frac{a_1 + b_1 x + c_1 x^2 + \dots m_1 x^n}{a_2 + b_2 x + c_2 x^2 + \dots m_2 x^n}$$

Kreis

$$x^2 + y^2 = r^2 \;\rightarrow\; y = \pm \sqrt{r^2 - x^2}$$

Ellipse

$$\frac{x^2}{a^2} + \frac{y^2}{b^2} = 1 \;\rightarrow\; y = \pm \frac{b}{a} \sqrt{a^2 - x^2} \qquad a, b = \text{Halbachsen}$$

Parabel

$$y = \pm \sqrt{2 p x} \qquad\qquad p = \text{Parameter}$$

Hyperbel

$$\frac{x^2}{a^2} - \frac{y^2}{b^2} = 1 \;\rightarrow\; y = \pm \frac{b}{a} \sqrt{x^2 - a^2}$$

10.4.2 Logarithmusfunktionen   s. auch 10.2.9

$y = \log_b x$ Basis: b

$y = \lg x$ Basis: 10

$y = \ln x$ Basis: e = 2,71828 ...

$y = \operatorname{ld} x$ Basis: 2

10.4.3 Exponentialfunktionen

$y = a \cdot b^x$

$y = a \cdot e^x$

10.4.4 Trigonometrische Funktionen

Im rechtwinkligen Dreieck

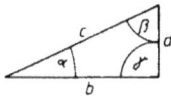

$$\sin \alpha = \frac{\text{Gegenkathete}}{\text{Hypotenuse}} = \frac{a}{c} = \cos \beta$$

$$\cos \alpha = \frac{\text{Ankathete}}{\text{Hypotenuse}} = \frac{b}{c} = \sin \beta$$

$$\tan \alpha = \frac{\text{Gegenkathete}}{\text{Ankathete}} = \frac{a}{b} = \cot \beta$$

$$\cot \alpha = \frac{\text{Ankathete}}{\text{Gegenkathete}} = \frac{b}{a} = \tan \beta$$

Im schiefwinkligen Dreieck

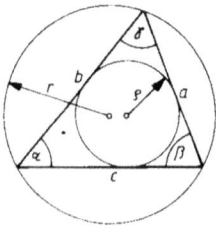

Sinus-Satz

$$\frac{a}{b} = \frac{\sin \alpha}{\sin \beta}$$

$$\frac{a}{c} = \frac{\sin \alpha}{\sin \gamma}$$

$$\frac{b}{c} = \frac{\sin \beta}{\sin \gamma}$$

Cosinus-Satz

$$a^2 = b^2 + c^2 - 2\,bc \cdot \cos \alpha$$

$$b^2 = a^2 + c^2 - 2\,ac \cdot \cos \beta$$

$$c^2 = a^2 + b^2 - 2\,ab \cdot \cos \gamma$$

Tangenssatz

$$\frac{a+b}{a-b} = \frac{\tan\dfrac{\alpha+\beta}{2}}{\tan\dfrac{\alpha-\beta}{2}}$$

Sehnensatz

$$a = 2r \cdot \sin\alpha$$
$$b = 2r \cdot \sin\beta$$
$$c = 2r \cdot \sin\gamma$$

Flächensatz

$$A = \tfrac{1}{2}a \cdot b \cdot \sin\gamma \qquad A = 2r^2 \cdot \sin\alpha \cdot \sin\beta \cdot \sin\gamma$$

$$A = \tfrac{1}{2}a \cdot c \cdot \sin\beta \qquad A = \frac{a \cdot b \cdot c}{4r}$$

$$A = \tfrac{1}{2}b \cdot c \, \sin\alpha \qquad A = \rho \cdot s \qquad\qquad \rho = \frac{a \cdot b \cdot c}{4 \cdot r \cdot s}$$

$$A = \sqrt{s \cdot (s-a)(s-b)(s-c)} \qquad\qquad s = \frac{a+b+c}{2}$$

10.4.5 Vorzeichen der trigonometrischen Funktionen in den 4 Quadranten

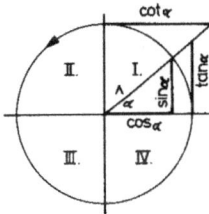

Vorzeichen in den Quadranten

	I.	II.	III.	IV.
sin	+	+	–	–
cos	+	–	–	+
tan	+	–	+	–
cot	+	–	+	–

Funktionen negativer Winkel

$$\sin(-\alpha) = -\sin\alpha \qquad \cos(-\alpha) = +\cos\alpha$$
$$\tan(-\alpha) = -\tan\alpha \qquad \cot(-\alpha) = -\cot\alpha$$

10.4.6 Beziehungen zwischen den trigonometrischen Funktionen

$$\sin^2\alpha + \cos^2\alpha = 1$$

$$\tan\alpha = \frac{\sin\alpha}{\cos\alpha} \qquad \cot\alpha = \frac{\cos\alpha}{\sin\alpha} \qquad \tan\alpha\cdot\cot\alpha = 1$$

$$1 + \tan^2\alpha = \frac{1}{\cos^2\alpha} \qquad 1 + \cot^2\alpha = \frac{1}{\sin^2\alpha}$$

$\sin\alpha =$	$\cos\alpha =$	$\tan\alpha =$	$\cot\alpha =$
$\pm\sqrt{1-\cos^2\alpha}$	$\pm\sqrt{1-\sin^2\alpha}$	$\dfrac{\sin\alpha}{\pm\sqrt{1-\sin^2\alpha}}$	$\dfrac{\pm\sqrt{1-\sin^2\alpha}}{\sin\alpha}$
$\dfrac{\tan\alpha}{\pm\sqrt{1+\tan^2\alpha}}$	$\dfrac{1}{\pm\sqrt{1+\tan^2\alpha}}$	$\dfrac{\pm\sqrt{1-\cos^2\alpha}}{\cos\alpha}$	$\dfrac{\cos\alpha}{\pm\sqrt{1-\cos^2\alpha}}$
$\dfrac{1}{\pm\sqrt{1+\cot^2\alpha}}$	$\dfrac{\cot\alpha}{\pm\sqrt{1+\cot^2\alpha}}$	$\dfrac{1}{\cot\alpha}$	$\dfrac{1}{\tan\alpha}$

10.4.7 Trigonometrische Funktionen zusammengesetzter Winkel

$$\sin(\alpha\pm\beta) = \sin\alpha\cdot\cos\beta \pm \cos\alpha\cdot\sin\beta$$

$$\cos(\alpha\pm\beta) = \cos\alpha\cdot\cos\beta \mp \sin\alpha\cdot\sin\beta$$

$$\tan(\alpha\pm\beta) = \frac{\tan\alpha\pm\tan\beta}{1\mp\tan\alpha\cdot\tan\beta}$$

$$\cot(\alpha\pm\beta) = \frac{\cot\alpha\cdot\cot\beta\mp1}{\cot\beta\pm\cot\alpha}$$

$$\sin 2\alpha = 2\sin\alpha\cdot\cos\alpha \qquad\qquad \sin\alpha = 2\sin\frac{\alpha}{2}\cdot\cos\frac{\alpha}{2}$$

$$\cos 2\alpha = \cos^2\alpha - \sin^2\alpha = 2\cos^2\alpha - 1 = 1 - 2\sin^2\alpha$$

$$\cos\alpha = \cos^2\frac{\alpha}{2} - \sin^2\frac{\alpha}{2} = 2\cos^2\frac{\alpha}{2} - 1 = 1 - 2\sin^2\frac{\alpha}{2}$$

$$\sin\frac{\alpha}{2} = \sqrt{\frac{1-\cos\alpha}{2}} \qquad \cos\frac{\alpha}{2} = \sqrt{\frac{1+\cos\alpha}{2}} \qquad \tan\frac{\alpha}{2} = \sqrt{\frac{1-\cos\alpha}{1+\cos\alpha}}$$

$$\sin \alpha \pm \sin \beta \;=\; 2 \sin \frac{\alpha \pm \beta}{2} \cdot \cos \frac{\alpha \mp \beta}{2}$$

$$\cos \alpha + \cos \beta = 2 \cos \frac{\alpha + \beta}{2} \cdot \cos \frac{\alpha - \beta}{2}$$

$$\cos \alpha - \cos \beta = -2 \sin \frac{\alpha + \beta}{2} \cdot \sin \frac{\alpha - \beta}{2}$$

$$\sin \alpha \cdot \sin \beta \;=\; \frac{\cos (\alpha - \beta) - \cos (\alpha + \beta)}{2}$$

$$\cos \alpha \cdot \cos \beta \;=\; \frac{\cos (\alpha + \beta) + \cos (\alpha - \beta)}{2}$$

$$\sin \alpha \cdot \cos \beta \;=\; \frac{\sin (\alpha + \beta) + \sin (\alpha - \beta)}{2}$$

10.4.8 Trigonometrische Funktionen in der Gauß'schen Zahlenebene
s. auch 4.5.4

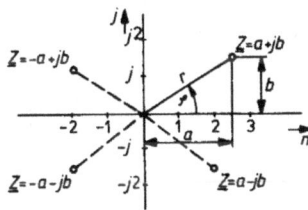

$$r = \sqrt{a^2 + b^2}$$

$$\tan \varphi = \frac{b}{a}$$

$$a = r \cdot \cos \varphi \;; \quad b = r \cdot \sin \varphi$$

$$\left.\begin{array}{l} e^{j\varphi} = \cos \varphi + j \sin \varphi \\ e^{-j\varphi} = \cos \varphi - j \sin \varphi \end{array}\right\} \begin{array}{l}\text{Euler'sche} \\ \text{Formeln}\end{array}$$

$$\underline{Z} = a + jb = r(\cos \varphi + j \sin \varphi) = r \cdot e^{j\varphi}$$

$$\underline{Y} = \frac{1}{\underline{Z}} = \frac{1}{r\,e^{j\varphi}} = \frac{1}{r}\,e^{-j\varphi}$$

wenn:

$$\underline{Z}_1 = r_1 (\cos \varphi_1 + j \sin \varphi_1)\;; \quad \text{und:}$$

$$\underline{Z}_2 = r_2 (\cos \varphi_2 + j \sin \varphi_2)\;; \quad \text{wird:}$$

$$\underline{Z} = \underline{Z}_1 \cdot \underline{Z}_2 = r_1 \cdot r_2 (\cos (\varphi_1 + \varphi_2) + j \sin (\varphi_1 + \varphi_2)) = r_1 \cdot r_2\, e^{j(\varphi_1 + \varphi_2)}$$

$$\underline{Z} = \frac{\underline{Z}_1}{\underline{Z}_2} = \frac{r_1}{r_2} (\cos (\varphi_1 - \varphi_2) + j \sin (\varphi_1 - \varphi_2)) = \frac{r_1}{r_2}\, e^{j(\varphi_1 - \varphi_2)}$$

$$\underline{Z}^n = r^n (\cos (n\varphi) + j \sin (n\varphi)) = r^n\, e^{jn\varphi} \quad \text{Moivre'sche Formel}$$

$$\sqrt[n]{\underline{Z}} = \sqrt[n]{r}\left(\cos \frac{\varphi}{n} + j \sin \frac{\varphi}{n}\right) = \sqrt[n]{r}\; e^{j\frac{\varphi}{n}}$$

10.4.9 Bogenmaß

$$b = r \cdot \text{arc } \alpha$$

b = Bogenlänge

r = Kreisradius

α = Zentriwinkel in Grad

Umrechnung: Bogenmaß $\rightleftarrows$ Gradmaß

$$\text{arc } \alpha = \hat{\alpha} = \frac{\pi}{180°} \cdot \alpha = 0,01745 \cdot \alpha$$

$$\alpha = \frac{180°}{\pi} \cdot \hat{\alpha} = 57,2958 \cdot \hat{\alpha}$$

10.4.10 Arcusfunktion

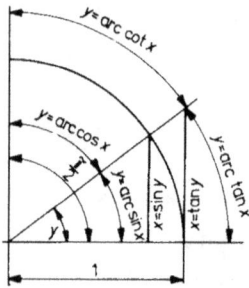

Funktion	Umkehr-funktion	Hauptwerte
$y = \sin x$	$y = \arcsin x$	$-\frac{\pi}{2} \leqslant y \leqslant +\frac{\pi}{2}$
$y = \cos x$	$y = \arccos x$	$0 \leqslant y \leqslant \pi$
$y = \tan x$	$y = \arctan x$	$-\frac{\pi}{2} < y < +\frac{\pi}{2}$
$y = \cot x$	$y = \text{arccot } x$	$0 < y < \pi$

$$\arcsin x + \arccos x = \frac{\pi}{2}$$

$$\arctan x + \text{arccot } x = \frac{\pi}{2}$$

$$y = \arcsin x \rightarrow x = \sin y$$

$$y = \arccos x \rightarrow x = \cos y = \sin\left(\frac{\pi}{2} - y\right)$$

$$y = \arctan x \rightarrow x = \tan y$$

$$y = \text{arccot } x \rightarrow x = \cot y = \tan\left(\frac{\pi}{2} - y\right)$$

10.5 Differentialrechnung

10.5.1 Differenzenquotient

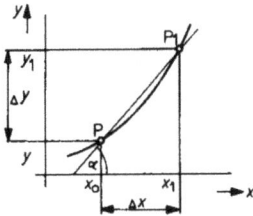

$$\tan \alpha = \frac{y_1 - y}{x_1 - x} = \frac{\Delta y}{\Delta x}$$

$$\frac{\Delta y}{\Delta x} = \frac{f(x_0 + \Delta x) - f(x)}{\Delta x}$$

Stetigkeit

Eine Funktion ist an der Stelle x_0 stetig genau dann, wenn gilt:

$$\lim_{x \to x_0} f(x) = f(x_0)$$

10.5.2 Differentialquotient

$$\frac{dy}{dx} = f'(x) = \frac{d}{dx} [f(x)] = \lim_{\Delta x \to 0} \frac{\Delta y}{\Delta x} = \lim_{\Delta x \to 0} \frac{f(x_0 + \Delta x) - f(x)}{\Delta x} = y'$$

$$dy = y' \, dx = f'(x) \, dx$$

Differenzierbarkeit

Eine stetige Funktion ist an der Stelle x_0 differenzierbar, genau dann, wenn gilt:

1. Ihre linksseitigen und rechtsseitigen Grenzwerte des Differenzenquotienten existieren.
2. Wenn sie einander gleich sind. Also

$$l - \lim_{\Delta x \to x_0} \frac{f(x_0 + \Delta x) - f(x)}{\Delta x} = r - \lim_{\Delta x \to x_0} \frac{f(x_0 + \Delta x) - f(x)}{\Delta x}$$

10.5.3 Differentiationsregeln

Summen-Differenzenregel

$$y = f_1(x) \pm f_2(x) \pm ... \qquad y' = f_1'(x) \pm f_2'(x) \pm ...$$

Produktionsregel

$$y = u(x) \cdot v(x) \qquad y' = u' \cdot v + v' \cdot u$$

$$y = u(x) \cdot v(x) \cdot w(x) \qquad y' = u' \cdot v \cdot w + u \cdot v' \cdot w + u \cdot v \cdot w'$$

Quotientenregel

$$y = \frac{u(x)}{v(x)} \qquad\qquad y' = \frac{u' \cdot v - v' \cdot u}{v^2}$$

Potenzregel

$$y = x^n \qquad\qquad y' = n\,x^{n-1}$$

Konstantenregel

$$y = a \qquad\qquad y' = 0$$
$$y = a\,x^n \qquad\qquad y' = a \cdot n \cdot x^{n-1}$$

Kettenregel

$$y = f(z) = f(\varphi(x)) \qquad\qquad y' = f'(z) \cdot \varphi'(x)$$
$$y' = \frac{dy}{dz} \cdot \frac{dz}{dx}$$

10.5.4 Ableitungen

$$y = ax + b \qquad\qquad y' = a$$

$$y = \sqrt{x} \qquad\qquad y' = \frac{1}{2\sqrt{x}}$$

$$y = \frac{1}{x} \qquad\qquad y' = -\frac{1}{x^2}$$

$$y = x^x \qquad\qquad y' = x^x(1 + \ln x)$$

$$y = e^x \qquad\qquad y' = e^x$$

$$y = e^{ax} \qquad\qquad y' = a\,e^{ax}$$

$$y = a^x \qquad\qquad y' = a^x \ln a$$

$$y = \ln x \qquad\qquad y' = \frac{1}{x}$$

$$y = \log_a x \qquad\qquad y' = \frac{1}{x \ln a}$$

$$y = \sin x \qquad\qquad y' = \cos x$$

$$y = \cos x \qquad\qquad y' = -\sin x$$

$$y = \tan x \qquad\qquad y' = 1 + \tan^2 x = \frac{1}{\cos^2 x}$$

$y = \cot x$ $y' = -(1 + \cot^2 x) = -\dfrac{1}{\sin^2 x}$

$y = \arcsin x$ $y' = \dfrac{1}{\sqrt{1 - x^2}}$

$y = \arccos x$ $y' = -\dfrac{1}{\sqrt{1 - x^2}}$

$y = \arctan x$ $y' = \dfrac{1}{1 + x^2}$

$y = \text{arccot}\, x$ $y' = -\dfrac{1}{1 + x^2}$

$y = x \sin x$ $y' = x \cdot \cos x + \sin x$

$y = \sin^n x$ $y' = n \sin^{n-1} x \cos x$

$y = \cos^n x$ $y' = -n \cos^{n-1} x \sin x$

$y = \tan^n x$ $y' = n \tan^{n-1} (1 + \tan^2 x)$

$y = \cot^n x$ $y' = -n \cot^{n-1} (1 + \cot^2 x)$

10.5.5 Kurvendiskussion

Tangentenverfahren
(Newton)

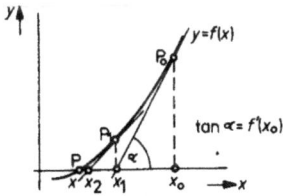

Sehnenverfahren
(Regula falsi)

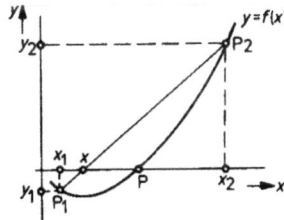

$$x_1 = x_0 - \frac{f(x_0)}{f'(x_0)}$$

$$x_2 = x_1 - \frac{f(x_1)}{f'(x_1)}$$

u.s.w.

$$x = x_2 - y_2 \frac{x_2 - x_1}{y_2 - y_1}$$

Maxima

$y' = 0 ; \quad y'' < 0$

Minima

$y' = 0 ; \quad y'' > 0$

Wendepunkt

$y' \neq 0 ; \quad y'' = 0 ; \quad y''' \neq 0$

Sattelpunkt

$y' = 0 ; \quad y'' = 0 ; \quad y''' \neq 0$

10.5.6 Fehler-Rechnung   s. auch Meßtechnik

$y = f(x) ; \qquad \Delta y \approx f'(x) \, \Delta x \quad \rightarrow \quad$ absoluter Fehler

$y = f(x) ; \qquad \dfrac{\Delta y}{y} \approx \dfrac{f'(x)}{f(x)} \, \Delta x \quad \rightarrow \quad$ relativer Fehler

$\dfrac{\Delta y}{y} \cdot 100 \quad \rightarrow \quad$ prozentualer Fehler

10.5.7 Graphische Differentiation

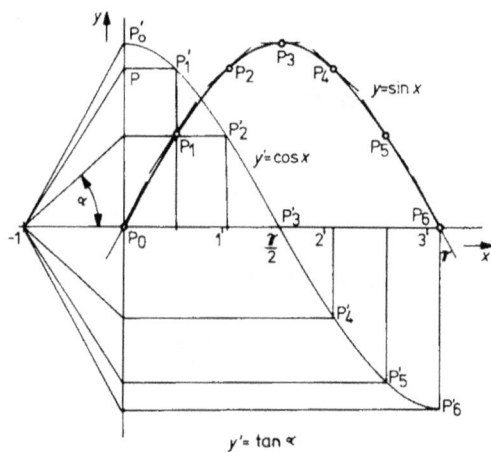

1. Tangente in P_n an den Graphen der zu differenzierenden Funktion legen.
2. Tangente parallel verschieben, bis sie durch $x = -1$ geht.
3. Schnittpunkt der Tangente mit der y-Achse ist der gesuchte Wert der ersten Ableitung für den Punkt P_n.
4. P_n' konstruieren
5. Graph der Ableitung zeichnen.

Hinweis:
Je nach Kurvenverlauf öfters Tangenten an den Graphen der zu differenzierenden Funktion legen.

10.6 Integralrechnung

10.6.1 Integrationsregeln

Konstantenregel

$$\int a\,f(x)\,dx = a\int f(x)\,dx$$

Summen-Differenzenregel

$$\int [f_1(x) \pm f_2(x)]\,dx = \int f_1(x)\,dx \pm \int f_2(x)\,dx$$

Substitutionsmethode

$$\int f[\varphi(x)]\,dx \qquad \varphi(x) = z\,; \quad \varphi'(x) = \frac{dz}{dx} \rightarrow dx = \frac{dz}{\varphi'(x)}$$

$$\int f[\varphi(x)]\,dx = \int f(z)\cdot\frac{dz}{\varphi'(x)}$$

Partielle Integration

$$\int f'(x)\,g(x)\,dx = f(x)\,gx - \int f(x)\,g'(x)\,dx$$

10.6.2 Integralformeln   (unbestimmte Integrale)

$$\int x^n\,dx = \frac{x^{n+1}}{n+1} + C \qquad\qquad \int \frac{dx}{x} = \ln|x| + C$$

$$\int e^x\,dx = e^x + C \qquad\qquad \int a^x\,dx = \frac{a^x}{\ln a} + C$$

$$\int \frac{dx}{x^2} = -\frac{1}{x} + C \qquad\qquad \int (a+bx)^n\,dx = \frac{(a+bx)^{n+1}}{(n+1)\,b} + C$$

$$\int \frac{dx}{x+a} = \ln|x+a| + C \qquad\qquad \int \frac{dx}{a-x} = \ln\left|\frac{1}{a-x}\right| + C$$

$$\int \frac{x\,dx}{1+x} = x - \ln|1+x| + C \qquad\qquad \int \frac{1+x}{x}\,dx = x + \ln|x| + C$$

$$\int \frac{x^2}{1+x}\,dx = \frac{x^2}{2} - x + \ln|1+x| + C \qquad \int \frac{1+x}{x^2}\,dx = -\frac{1}{x} + \ln|x| + C$$

$$\int \sqrt{x}\,dx = \tfrac{2}{3}\sqrt{x^3} + C \qquad\qquad \int \sqrt[n]{x}\,dx = \frac{n}{n+1}\sqrt[n]{x^{n+1}} + C$$

$$\int \frac{dx}{\sqrt{x}} = 2\sqrt{x} + C \qquad\qquad \int \frac{1 + \sqrt{x}}{\sqrt{x}}\, dx = x + 2\sqrt{x} + C$$

$$\int \sin x\, dx = -\cos x + C \qquad \int \cos x\, dx = \sin x + C$$

$$\int \tan x\, dx = -\ln|\cos x| + C \qquad \int \cot x\, dx = \ln|\sin x| + C$$

$$\int \sin (ax)\, dx = -\frac{1}{a}\cos (ax) + C \qquad \int \cos (ax)\, dx = \frac{1}{a}\sin (ax) + C$$

$$\int \tan (ax)\, dx = -\frac{1}{a}\ln|\cos (ax)| + C \qquad \int \cot (ax)\, dx = \frac{1}{a}\ln|\sin (ax)| + C$$

$$\int \frac{dx}{\sin x} = \ln\left|\tan \frac{x}{2}\right| + C \qquad \int \frac{dx}{\cos x} = \ln\left|\tan \left(\frac{\pi}{4} + \frac{x}{2}\right)\right| + C$$

$$\int \sin^2 x\, dx = \frac{x}{2} - \frac{1}{4}\sin (2x) + C \qquad \int \cos^2 x\, dx = \frac{x}{2} + \frac{1}{4}\sin (2x) + C$$

$$\int \frac{dx}{\sin^2 x} = -\cot x + C \qquad\qquad \int \frac{dx}{\cos^2 x} = \tan x + C$$

10.6.3 Flächenberechnung

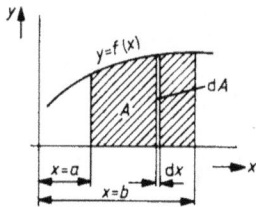

$$A = \int_a^b f(x)\, dx = I(x)\Big|_a^b = I(b) - I(a)$$

$$\text{mit: } I'(x) = f(x)$$

Vorzeichenwechsel

$$\int_a^b f(x)\, dx = -\int_b^a f(x)\, dx$$

10.6.4 Mittelwertsatz

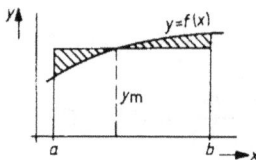

$$y_m = \frac{1}{b - a}\int_a^b f(x)\, dx$$

10.6.5 Rotationskörper und Oberfläche

$$V = \pi \int_{x_1}^{x_2} y^2 \, dx$$

$$O = 2\pi \int_{x_1}^{x_2} y \sqrt{1 + y'^2} \, dx$$

10.6.6 Graphische Integration

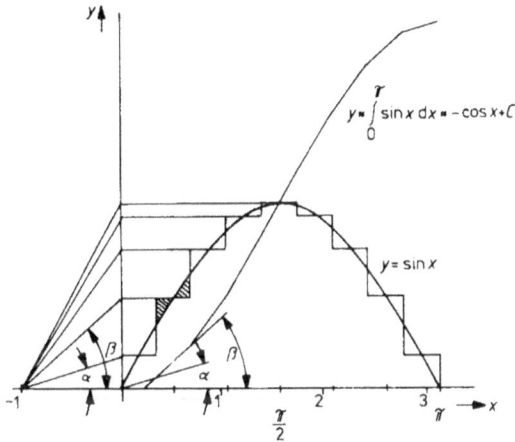

1. Treppenkurve an den Graphen der zu integrierenden Funktion zeichnen. Die Fläche der Treppenkurve soll möglichst genau der Fläche unter der zu integrierenden Funktion entsprechen.
2. Höhen der Treppen auf die y-Achse auftragen.
3. Geraden von Punkten auf der y-Achse bis $x = -1$ zeichnen.
4. Die entstehenden Winkel α, β ... innerhalb des entsprechenden Rechteckes aneinander antragen.

Hinweis:
Um eine gute Annäherung zu erreichen, empfiehlt es sich, die Rechtecke bei Bedarf schmäler zu machen.

10.7 Geometrie

10.7.1 Ebene Geometrie

Quadrat

$$A = a^2$$
$$U = 4 \cdot a$$
$$d = a \cdot \sqrt{2}$$

Rechteck

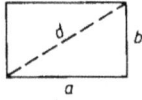

$$A = a \cdot b$$
$$U = 2 \cdot a + 2 \cdot b = 2(a + b)$$
$$d = \sqrt{a^2 + b^2}$$

Parallelogramm

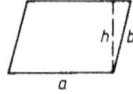

$$A = a \cdot h$$
$$U = 2 \cdot a + 2 \cdot b = 2(a + b)$$

Dreieck

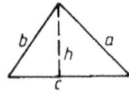

$$A = \frac{c \cdot h}{2}$$
$$U = a + b + c$$

Rechtwinkliges Dreieck

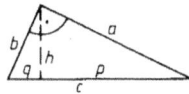

$$A = \frac{a \cdot b}{2} = \frac{c \cdot h}{2}$$
$$a^2 = p \cdot c, \quad b^2 = q \cdot c$$
$$h^2 = p \cdot q, \quad c^2 = a^2 + b^2$$

Trapez

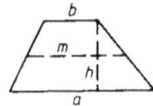

$$A = m \cdot h = \frac{a + b}{2} \cdot h$$
$$m = \frac{a + b}{2}$$

Kreis

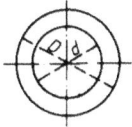

$$A = d^2 \cdot \frac{\pi}{4} = r^2\,\pi \qquad r = \frac{d}{2}$$

$$U = d \cdot \pi$$

Kreisring

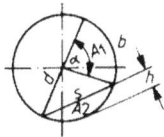

$$A = \frac{\pi}{4}\,(D^2 - d^2)$$

Kreisausschnitt, Kreisabschnitt

$$A_1 = \frac{b \cdot d}{4}$$

$$b = \pi \cdot d \cdot \frac{\alpha}{360}$$

$$A_2 = \frac{b \cdot d}{4} - \frac{s}{4}\,(d - 2h)$$

$$s = d \cdot \sin\frac{\alpha}{2}\;;\quad h = \frac{d}{2}\left(1 - \cos\frac{\alpha}{2}\right)$$

Ellipse

$$A = \frac{\pi}{4} \cdot D \cdot d$$

$$U \approx \pi \cdot \frac{D + d}{2}$$

10.7.2 Raumgeometrie

Würfel

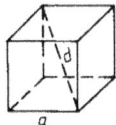

$$V = a^3$$

$$O = 6 \cdot a^2$$

$$d = a \cdot \sqrt{3}$$

Quader (Prisma)

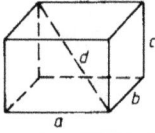

$$V = a \cdot b \cdot c$$
$$O = 2(ab + ac + bc)$$
$$d = \sqrt{a^2 + b^2 + c^2}$$

Pyramide

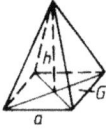

$$V = \tfrac{1}{3} \cdot G \cdot h$$
$$V = \tfrac{1}{3} \cdot a^2 \, h$$

Zylinder

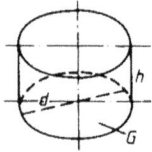

$$V = G \cdot h = d^2 \cdot \frac{\pi}{4} \cdot h$$
$$M = d \cdot \pi \cdot h$$
$$O = \frac{d}{2} \cdot \pi (d + 2h)$$

Kegel

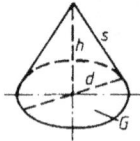

$$V = G \cdot \frac{h}{3} = d^2 \cdot \frac{\pi}{4} \cdot \frac{h}{3}$$
$$M = \frac{d}{2} \cdot \pi \cdot s$$
$$O = \frac{d}{2} \cdot \pi \left(s + \frac{d}{2} \right)$$
$$s = \sqrt{\frac{d^2}{4} + h^2}$$

Kugel

$$V = \frac{\pi}{6} \cdot d^3$$
$$O = \pi \cdot d^2$$

11. Tabellen

11.1 Umrechnung von physikalischen Einheiten

Längeneinheiten

	mm	m	km	inch
1 mm	1	10^{-3}	10^{-6}	0,0394
1 m	10^3	1	10^{-3}	39,37
1 km	10^6	10^3	1	39370
1 inch (Zoll)	25,40	0,0254		1

Flächeneinheiten

	mm^2	cm^2	m^2
$1\,mm^2$	1	10^{-2}	10^{-6}
$1\,cm^2$	10^2	1	10^{-4}
$1\,m^2$	10^6	10^4	1

Volumeneinheiten

	mm^3	cm^3	dm^3	m^3	
$1\,mm^3$	1	10^{-3}	10^{-6}	10^{-9}	
$1\,cm^3$	10^3	1	10^{-3}	10^{-6}	
$1\,dm^3$	10^6	10^3	1	10^{-3}	= 1 l (Liter)
$1\,m^3$	10^9	10^6	10^3	1	

Masseneinheiten

	g	kg	t
1 g	1	10^{-3}	10^{-6}
1 kg	10^3	1	10^{-3}
1 t	10^6	10^3	1

Druckeinheiten

	$Pa = N/m^2$	bar
$1\,Pa = 1\,N/m^2$	1	10^{-5}
1 bar	10^5	1

Energieeinheiten (Arbeit, Wärmemenge)

	J	kWh	
1 J = 1 Ws = 1 Nm = = 1 kg m^2 s^{-2}	1	$277{,}8 \cdot 10^{-9}$	1 J = 1 Nm
1 kWh	$3{,}6 \cdot 10^6$	1	1 eV = $1{,}602 \cdot 10^{-19}$ J

Leistungseinheiten

	W	kW	
1 W	1	10^{-3}	1 W = 1 J/s
1 kW	10^3	1	

Winkeleinheiten

		rad	∟	° (Grad)	gon
Radiant	1 rad	1	0,6366	$57{,}29578 = 57°\ 17'\ 44''$	63,66
Rechter Winkel	1 ∟	1,5708	1	90	100
Grad	1°	0,01745	0,01111	1	1,111
Gon	1 gon	0,01571	0,01	0,9	1

Zeiteinheiten

Sekunde	s
Minute	min
Stunde	h
Tag	d
Jahr	a

Fußnoten für Tabelle S. 223:

[1]) Zwischen I und S, Q und D bzw. Φ und B gilt jeweils: $\frac{dI}{dA} = S$ mit dA (Flächen-element) senkrecht zu S; $I = \int_A S\, dA$; usw.

[2]) $\Psi = w\Phi$ (Verkettungsfluß).

[3]) Zwischen U und E gilt $U_{12} = \int_1^2 E\, ds$ (ds Linienelement) und $E = -\, dU/dn$ mit dn = d$s \cos \alpha$ (in Richtung des größten Spannungsgefälles; Entsprechendes gilt für V_m und H).

[4]) V_m magnetische Spannung (Index m zur Unterscheidung gegen V Volumen).

Größen und Einheiten zur Beschreibung elektrischer Erscheinungen in zeitlich konstanten Feldern

	Strömungsfeld		elektrisches Feld		magnetisches Feld	
	Stromkreis	Feld	Stromkreis	Feld	Stromkreis	Feld
kennzeichnende Größe	elektrischer Strom	Stromdichte	Ladung	Verschiebungsdichte	magnetischer Fluß	magnetische Flußdichte
Formelzeichen	I	$S^{1)}$	Q	$D^{1)}$	$\Phi^{2)}$	$B^{1)}$
Einheit	A	A/m^2	C = As	C/m^2	Wb = Vs	T = Vs/m^2
verursachende Größe	Quellenspannung	elektrische Feldstärke	Quellenspannung	elektrische Feldstärke	Durchflutung	magnetische Feldstärke
Formelzeichen	U	$E^{3)}$	U	$E^{3)}$	$\Theta\,(V_\mathrm{m})^{4)}$	$H^{3)}$
Einheit	V	V/m	V	V/m	A	A/m
Materialverhalten	elektrische Leitfähigkeit		Polarisation, Influenz		Magnetisierung	
Materialgröße	Leitwert	Leitfähigkeit	Kapazität	Dielektrizitätskonstante	Induktivität	Permeabilität
Formelzeichen	G	σ	C	ϵ	L	μ
Einheit	$S = 1/\Omega$	S/m	$F = As/V$	F/m	$H = Vs/A$	H/m
Materialgröße	Widerstand	spezifische Leitfähigkeit			magnetischer Widerstand	
Formelzeichen	$R = 1/G$	$\sigma = 1/\rho$			$R_\mathrm{m} = 1/L$	$1/\mu$
Einheit	Ω	$\Omega^{-1}\,m^{-1}$			$1/H = A/Vs$	m/H
Definitionsgleichungen der Materialgrößen	$I = GU$ $\;$ $U = RI$	$S = \sigma E$ $\;$ $E = \rho S$	$Q = CU$	$D = \epsilon E$	$w\Phi = LI$ $\;$ $\Theta = R_\mathrm{m}\Phi$	$B = \mu H$

11.2 Hf-Tapete

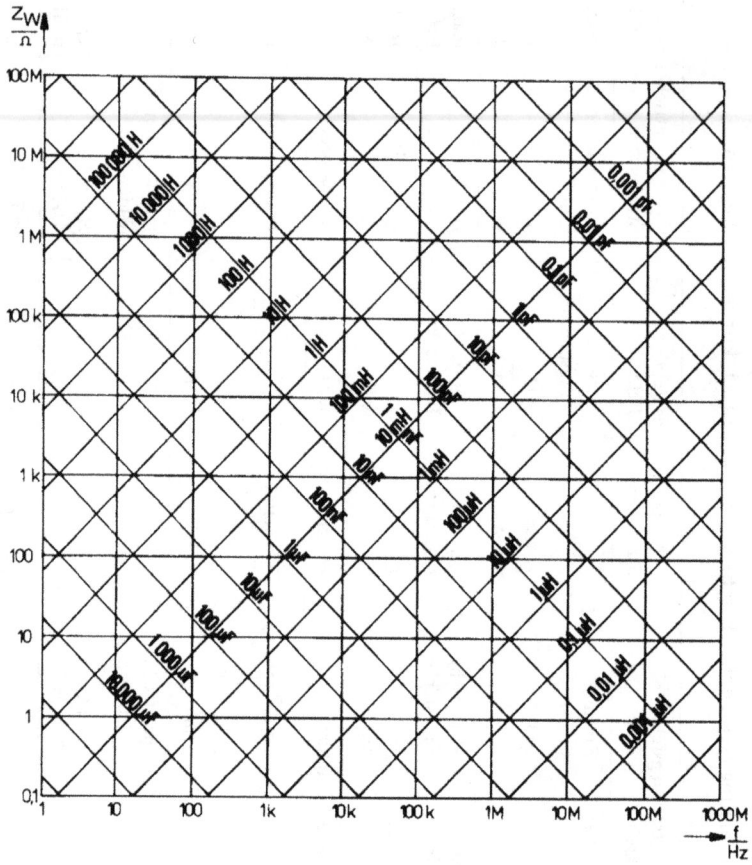

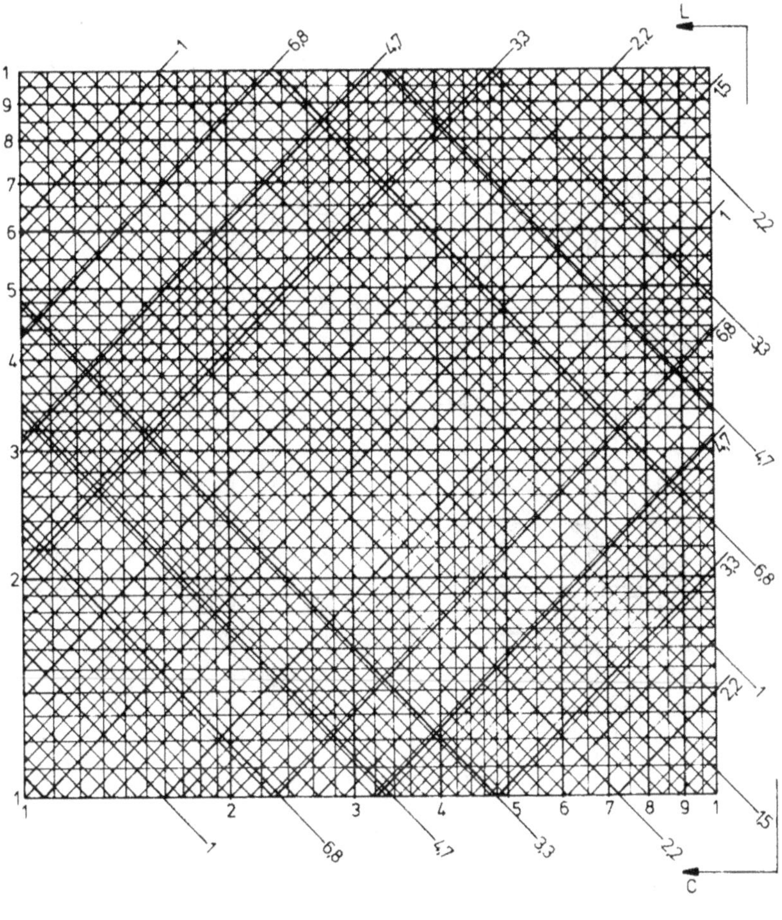
L
C
1
9
8
7
6
5
4
3
2
1
2
3
4
5
6
7
8
9
1
6,8
4,7
3,3
2,2
1,5

11.3 Leistungs-Spannungs-Strom-Diagramm für Widerstände

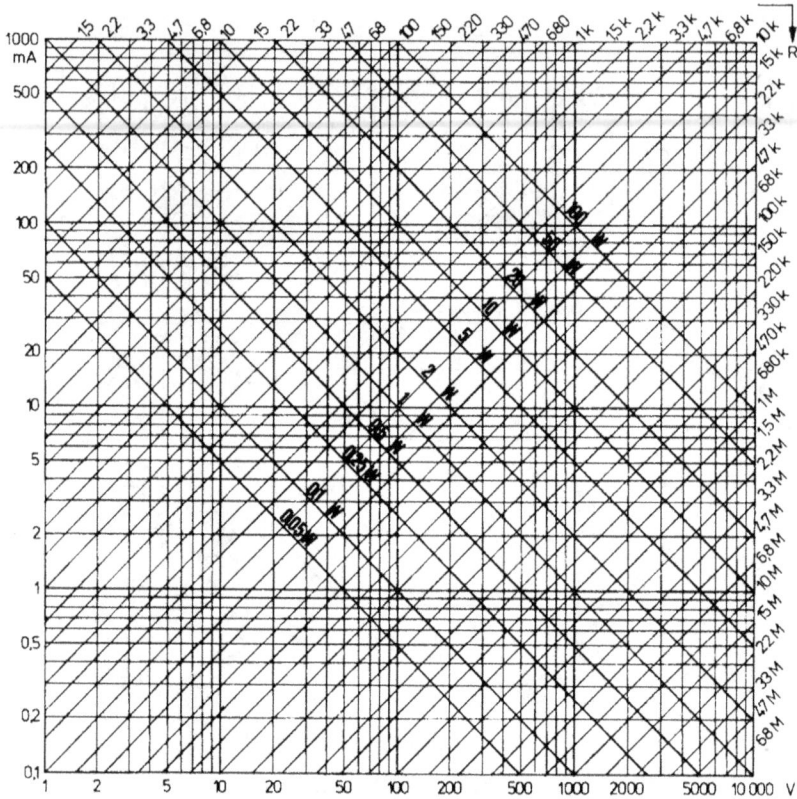

11.4 Normreihen E6, E12, E24

E6	1,0				1,5				2,2			
E12	1,0		1,2		1,5		1,8		2,2		2,7	
E24	1,0	1,1	1,2	1,3	1,5	1,6	1,8	2,0	2,2	2,4	2,7	3,0

E6	3,3				4,7				6,8			
E12	3,3		3,9		4,7		5,6		6,8		8,2	
E24	3,3	3,6	3,9	4,3	4,7	5,1	5,6	6,2	6,8	7,5	8,2	9,1

11.5 Transformatorkerne

Blech-schnitt	Blech-dicke d mm	Paket-stärke s mm	Kern-quer-schnitt A cm²	effektiv. Eisen-quer-schnitt A_E cm²	Eisen-gewicht G_E kp	Eisen-weg-länge l_E cm	Fenster-quer-schnitt A_F cm²	effekt. Wickel-höhe h_W mm	effekt. Wickel-stärke s_W mm	effekt. Wickel-quer-schnitt A_W mm²	mittlere Win-dungs-länge l_m cm	Belast-barkeit P VA	Wir-kungs-grad. etwa η %
Mantelkerne mit Blechen M 20 bis M 102													
M 20	0,35	5	0,25	0,24	0,012	4,70	0,52	10	2,5	25	3,8	0,1	40
M 30	0,35	7	0,49	0,48	0,035	7,15	1,30	15	3,5	52,5	5,0	0,3	50
M 42	0,5	15	1,80	1,53	0,144	10,2	2,70	24	6,6	158	9,2	2,3	60
M 55	0,5	20	3,40	2,89	0,377	13,1	3,99	30	7,5	225	12,0	8,5	70
M 65	0,5	27	5,40	4,59	0,350	15,5	5,63	35	9,2	322	14,4	21	77
M 74	0,5	32	7,36	6,26	0,657	17,6	7,15	43	10,4	447	16,5	40	83
M 85	0,5	32	9,28	7,89	1,02	19,7	7,56	46	9,3	428	17,0	62	84
M 102	0,5	35	11,9	10,1	1,44	23,8	11,56	58	12,2	708	19,8	100	87,5
M 102	0,5	52	17,7	15,0	2,22	23,8	11,56	58	12,2	708	23,2	180	88,5
					3,29								
E-I-Kerne mit Blechen EI 42 bis EI 170													
EI 42	0,5	14	1,96	1,67	0,129	8,50	1,47	16,5	4,5	74,3	8,0	2,8	60
EI 48	0,5	16	2,56	2,18	0,193	9,71	1,92	19,0	5,5	105	9,1	4,7	65
EI 54	0,5	18	3,24	2,75	0,274	10,9	2,43	21,5	6,5	140	10,5	7,5	70
EI 60	0,5	20	4,00	3,40	0,377	12,1	3,00	24,0	7,5	180	11,4	12	73
EI 66	0,5	22	4,84	4,11	0,502	13,4	3,63	26,0	8,6	224	12,5	17	75
EI 78	0,5	26	6,76	5,75	0,828	15,8	5,07	31,5	10,2	321	15,0	33	80
EI 84	0,5	28	7,84	6,66	1,03	17,0	5,88	35,0	11,0	385	16,2	45	85
EI 92	0,5	25	5,75	4,89	0,876	19,6	11,73	42	17,0	714	17,1	34	78
EI 92	0,5	35	8,05	6,81	1,23	19,6	11,73	42	17,0	714	19,1	65	85
EI 106	0,5	30	8,70	7,40	1,49	22,0	13,44	48	19,5	936	19,9	80	87
EI 106	0,5	45	13,1	11,1	2,23	22,0	13,44	48	19,5	936	22,9	170	89
EI 130	0,5	35	12,3	10,5	2,60	27,2	21,00	61	24,0	1464	26,5	160	90
EI 130	0,5	45	15,8	13,4	3,34	27,2	21,00	61	24,0	1464	28,5	250	90,5
EI 150	0,5	40	16,0	13,6	3,89	31,3	28	68	28	1904	31,4	260	92
EI 150	0,5	50	20,0	17,0	4,87	31,3	28	68	28	1904	33,4	400	93
EI 150	0,5	60	24,0	20,4	5,84	31,3	28	68	28	1904	35,4	500	93,5
EI 170	0,5	45	20,3	17,3	5,72	36,3	38	80	32	2560	35,2	420	93,5
EI 170	0,5	60	27,0	23,0	7,63	36,3	38	80	32	2560	38,2	750	94
EI 170	0,5	75	33,8	28,7	9,54	36,3	38	80	32	2560	41,8	1000	94

11.6 Drahttabellen

Runddrähte aus Kupfer

Kupferdraht $\left(\rho = \dfrac{1}{56}\ \dfrac{\Omega \cdot \text{mm}^2}{\text{m}}\right)$			Stromdichte in A/mm²				
Widerstand und Belastung			2	2,5	3	4	6
$\varnothing$ mm	A mm²	Ω/100 m	zul. Belastung in A				
0,05	0,00196	911	0,004	0,005	0,006	0,008	0,012
0,08	0,005	357	0,010	0,013	0,015	0,020	0,030
0,10	0,0078	229	0,016	0,020	0,024	0,032	0,048
0,12	0,0113	158	0,022	0,028	0,033	0,044	0,066
0,15	0,0177	100,9	0,035	0,044	0,053	0,070	0,106
0,18	0,0254	70,2	0,051	0,064	0,076	0,102	0,152
0,2	0,0314	56,7	0,063	0,079	0,094	0,126	0,188
0,25	0,0491	36,3	0,098	0,122	0,147	0,196	0,294
0,3	0,0707	25,2	0,141	0,176	0,212	0,282	0,424
0,35	0,0962	18,5	0,192	0,240	0,288	0,384	0,576
0,4	0,1257	14,2	0,251	0,314	0,377	0,502	0,754
0,45	0,159	11,2	0,318	0,398	0,477	0,636	0,954
0,5	0,196	9,08	0,392	0,490	0,588	0,784	1,176
0,55	0,238	7,50	0,476	0,595	0,714	0,952	1,428
0,6	0,283	6,30	0,566	0,708	0,849	1,132	1,698
0,65	0,332	5,38	0,664	0,830	1,00	1,328	2,00
0,7	0,385	4,64	0,770	0,963	1,16	1,54	2,32
0,75	0,442	4,03	0,884	1,105	1,33	1,77	2,66
0,8	0,503	3,55	1,01	1,26	1,51	2,02	3,02
0,9	0,636	2,80	1,27	1,59	1,91	2,54	3,82
1,0	0,785	2,27	1,57	1,96	2,36	3,14	4,72
1,1	0,950	1,88	1,90	2,38	2,85	3,80	5,70
1,2	1,131	1,58	2,26	2,83	3,39	4,52	6,78
1,3	1,327	1,35	2,65	3,31	3,98	5,30	7,96
1,4	1,539	1,16	3,08	3,85	4,62	6,16	9,24
1,5	1,767	1,01	3,53	4,41	5,30	7,06	10,60
1,6	2,010	0,887	4,02	5,02	6,03	8,04	12,06
1,8	2,545	0,700	5,09	6,36	7,64	10,18	15,28
2,0	3,141	0,567	6,28	7,85	9,42	12,56	18,84
2,5	4,909	0,363	9,82	12,27	14,73	19,64	29,46

Wickeldrähte, Runddrähte aus Kupfer, isoliert, nach DIN 46 435 Bl. 1

Außendurchmesser: (Kl = Kleinst.-. Gr = Größtmaß);

Nenn-Ø mm	Außen-Ø [2] d_2 Kl	Gr	Außen-Ø [3] d_2 Kl	Gr	Nennwert Ω/m [1]	Nenn-Ø mm	Außen-Ø [2] d_2 Kl	Gr	Außen-Ø [3] d_2 Kl	Gr	Nennwert Ω/m [1]
0,03	0,034	0,038	0,039	0,041	24,39	*0,5	0,526	0,548	0,543	0,569	0,08781
*0,032	0,036	0,040	0,041	0,043	21,44	*0,56	0,587	0,611	0,606	0,632	0,07000
0,036	0,040	0,045	0,045	0,049	16,94	0,6	0,626	0,654	0,648	0,674	0,06098
*0,04	0,044	0,050	0,050	0,054	13,72	*0,63	0,658	0,684	0,678	0,706	0,05531
0,045	0,050	0,056	0,055	0,061	10,84	*0,71	0,739	0,767	0,762	0,790	0,04355
*0,05	0,056	0,062	0,062	0,068	8,781	*0,75	0,779	0,809	0,802	0,832	0,03903
0,056	0,062	0,069	0,068	0,076	7,000	*0,8	0,829	0,861	0,853	0,885	0,03430
0,06	0,066	0,074	0,073	0,081	6,098	*0,85	0,879	0,913	0,905	0,937	0,03088
*0,063	0,068	0,078	0,077	0,085	5,531	*0,9	0,929	0,965	0,956	0,990	0,02710
*0,071	0 076	0,088	0,087	0,095	4,355	*0,95	0,979	1,017	1,007	1,041	0,02432
*0,08	0,088	0,098	0,099	0,105	3,430	*1	1,030	1,068	1,059	1,093	0,02195
*0,09	0,098	0,110	0,109	0,117	2,710	*1,06	1,090	1,130	1,121	1,153	0,01953
*0,1	0,109	0,121	0,121	0,129	2,195	*1,12	1,150	1,192	1,181	1,217	0,01750
*0,112	0,122	0,134	0,135	0,143	1,750	*1,18	1,210	1,254	1,241	1,279	0,01576
*0,125	0,135	0,149	0,147	0,159	1,405	*1,25	1,281	1,325	1,313	1,351	0,01405
*0,14	0,152	0,166	0,164	0,176	1,120	*1,32	1,351	1,397	1,385	1,423	0,01259
0,15	0,163	0,177	0,174	0,188	0,9756	*1,4	1,433	1,479	1,466	1,506	0,01120
*0,16	0,173	0,187	0,185	0,199	0,8575	*1,5	1,533	1,581	1,568	1,608	0,009757
0,17	0,184	0,198	0,196	0,210	0,7596	*1,6	1,633	1,683	1,669	1,711	0,008575
*0,18	0,195	0,209	0,206	0,222	0,6775	*1,7	1,733	1,785	1,771	1,813	0,007596
0,19	0,204	0,220	0,217	0,233	0,6081	*1,8	1,832	1,888	1,870	1,916	0,006775
*0,2	0,216	0,230	0,227	0,245	0,5488	*1,9	1,932	1,990	1,972	2,018	0,006081
*0,224	0,242	0,256	0,252	0,272	0,4375	*2	2,032	2,092	2,074	2,120	0,005488
*0,25	0,268	0,284	0,279	0,301	0,3512	*2,12	2,154	2,214	2,195	2,243	0,004884
*0,28	0,301	0,315	0,310	0,334	0,2800	*2,24	2,274	2,336	2,316	2,366	0,004375
0,3	0,322	0,336	0,333	0,355	0,2439	*2,36	2,393	2,459	2,436	2,488	0,003941
*0,315	0,336	0,352	0,349	0,371	0,2212	*2,5	2,533	2,601	2,577	2,631	0,003512
*0,355	0,377	0,395	0,392	0,414	0,1742	*2,65	2,682	2,754	2,728	2,784	0,003126
*0,4	0,424	0,442	0,438	0,462	0,1372	*2,8	2,831	2,907	2,878	2,938	0,002800
*0,45	0,475	0,495	0,490	0,516	0,1084	*3	3,030	3,110	3,078	3,142	0,002439

Die mit * gekennzeichneten Nenn-Ø entsprechen den IEC-Empfehlungen 182-1,
1. Ausgabe 1964 und sind bevorzugt zu verwenden.

[1]) Gleichstrom Widerstand bei 20 °C für 1 Meter
[2]) Runddraht aus Kupfer, einfach lackisoliert (L)
[3]) Runddraht aus Kupfer, doppelt lackisoliert (2 L)

11.7 Verwendete Formelzeichen

11.7.1 Lateinische Buchstaben

A Dämpfungsfaktor, Arbeitspunkt, Fläche, Querschnitt, angezeigter Wert

a Dämpfungsmaß, Länge, Abstand

B Blindleitwert, Magnetische Flußdichte, Gleichstromverstärkung, Basis (mathem.), Bereichsendwert

b Breite, Abstand

C Kapazität

c Ausbreitungsgeschwindigkeit

D Fremdspannungsabstand, Durchgriff

d Durchmesser, Dicke, Diagonale, Diskriminante

E Elektrische Feldstärke

e $2,71828\ldots$, Eingangssignal, Regeldifferenz

F Formfaktor, Faktor, Rauschzahl, Kraft, Meßabweichung, Frequenzgang

f Frequenz

G Wirkleitwert, Glättungsfaktor, Gleichtakt-, Genauigkeitsklasse

g Tastgrad, Gegenkopplungsgrad

H Magnetische Feldstärke, High

h h-Parameter, Höhe

I Elektrischer Strom (Effektivwert), Eingang

i Elektrischer Strom (veränderliche Größe, Augenblickswert)

j Imaginäre Einheit

K Faktor, Kopplungsfaktor, Konstante, Übertragungsbeiwert

k Klirrfaktor, Werkstoffkonstante

L Induktivität, Pegel, Leiterbezeichnung bei Drehstrom, Low

l Länge

M Gegeninduktivität, gemessener Wert

m Modulationsgrad

N Mittelpunktsleiterbezeichnung, Entscheidungsinhalt

n Drehzahl, unbestimmte Anzahl, Vergrößerungsfaktor

O Oberfläche

P Wirkleistung, Punkt

p Polpaarzahl, Fehler der Messung

Q Elektrische Ladung, Blindleistung, Güte, Ausgang

R Wirkwiderstand, Regelfaktor

r Wirkwiderstand, Radius, Rückführgröße

S Scheitelfaktor, elektrische Stromdichte, Scheinleistung, Steilheit, Siebfaktor *s* Länge, Abstand, Standardabweichung

T Periodendauer, absolute Temperatur, Träger

t Zeit

U Elektrische Spannung (Effektivwert), Umfang

u Elektrische Spannung (veränderliche Größe, Augenblickswert),
Eingangsgröße

ü Übersetzungsverhältnis, Übersteuerungsfaktor

V Verstärkungsfaktor, Volumen

υ Tastverhältnis, Verhältnis, Verstärkungsmaß, Vertrauensgrenze,
Geschwindigkeit

W Arbeit, Energie

w Windungszahl, Führungsgröße

X Blindwiderstand

x Koordinate, Unbekannte, unabhängige Variable, Fehler, Regelgröße

Y Scheinleitwert

y Koordinate, abhängige Variable, Meßergebnis, Stellgröße

Z Scheinwiderstand, Impedanz, Wellenwiderstand (mit Index), Zahl, Zeichen

z Störgröße, Multiplikationsfaktor

11.7.2 Griechische Buchstaben

α Winkel, Koeffizient

$\hat{\alpha}$ Winkel im Bogenmaß

β Wechselstromverstärkung, Winkel

γ Winkel

Δ Differenz

δ Verlustwinkel, Winkel

ϵ Dielektrizitätskonstante

η Wirkungsgrad, Modulationsindex

Θ Stromflußwinkel, Durchflutung

ϑ Celsiustemperatur, Eindringtiefe (mit Index S)

κ Elektrische Leitfähigkeit

λ Wellenlänge

μ Permabilität, Verstärkungsfaktor

ν Verstimmung, scheinbarer Fehler

π 3,14159 ...

ρ Spezifischer elektrischer Widerstand

Σ Summe

τ Zeitkonstante

Φ Magnetischer Fluß

φ Nullphasenwinkel, Phasenverschiebungswinkel
Ω Normierte Verstimmung
ω Winkelgeschwindigkeit, Kreisfrequenz

11.7.3 Sonderzeichen (Beispiele)

$\underline{U}$ Komplexe Spannung
$|\underline{Z}|$ Betrag von Z (Komplexer Widerstand)
$\hat{U}, \hat{u}$ Scheitelwert der Spannung
$|\overline{u}|$ Arithmetischer Mittelwert sinusförmiger Wechselspannung
Y   Stern-(Schaltung)
Δ Dreieck-(Schaltung)
$\sim$ Wechselgröße
$-$ Gleichgröße
$\approx$ Gleich- und Wechselgröße
∞ Unendlich

11.7.4 Indizierung (Oft Mehrfachindizierung üblich)

0 Leerlauf
1 Eingang
2 Ausgang
A Anode, Arbeitspunkt
a obere-, Ausgangs-, absolut
B Basis, Bereich-
b untere-, Basis (bei veränderlichen Größen)
C Kapazitiv, Kollektor, Gleichtakt-
c Kollektor (bei veränderlichen Größen)
D Draht, Diode, Drain, Differenz-
d Delay, Drain (bei veränderlichen Größen)
E Emitter, Eisen
e Emitter (bei veränderlichen Größen), Eingangs-
F Fluß, Durchlaßrichtung
f Fall, Durchlaßrichtung (bei veränderlichen Größen), Frequenz
G Gesamt-, Gate, Gitter
g Grenz-, Gate (bei veränderlichen Größen)
H Hoch-
I Invertierend, Impuls-, Eingang
i Innen-, Ist(Wert), Impuls-

J Junktion
K Klemmen-, Katode, Koppel-
L Induktiv, Last, Lade-, Low, Luft, Lautsprecher
M Meßinstrument, Spitzen-
m Mittel, magnetisch
N Nenn, Nichtinvertierend
n Nach-
0 Leerlauf ($\triangleq$ Null), Offset-
p Peak (Spitze), Pause, Parallel, Pinch-off (FET)
Q Ausgang
q Quer
R Widerstand, Sperr, Sperrichtung
r Relativ, Raise
S Serie, Betriebs-, Source, Sieb-
s Soll-, Store, Source (bei veränderlichen Größen)
T Temperatur, Transit-, Tief-
v Vor-, Verlust
W Wirk-, Wickel-
Z Zener

Einige wenige Indizes sind nur an der entsprechenden Stelle in der Legende erklärt.

Literatur

[1]   Anke, D.: Leistungselektronik. München, Wien 1986: R. Olden-
      bourg.

[2]   Böttiger, A.: Regelungstechnik. München, Wien 1991^2: R. Olden-
      bourg.

[3]   Dahlmann, H. u.a.: Kapazitätsdioden, Schalterdioden, PIN-Dio-
      den. Grundlagen und Anwendungen. Freiburg 1975: ITT.

[4]   Dahlmann, H. u.a.: Thyristoren, Triacs, Triggerdioden. Grundlagen
      und Anwendungen. Freiburg 1975: ITT.

[5]   Danner, G. u. Gatermann, H.-G.: Methodischer Entwurf digitaler
      Funktionsgruppen, Geräte und Anlagen. München, Wien 1978:
      R. Oldenbourg.

[6]   Hoffmann, A. u. Stocker, K.: Thyristor Handbuch. Berlin und Mün-
      chen 1976^4: Siemens AG.

[7]   Merz, L.: Grundkurs der Meßtechnik. Teil 1. München 1977^5:
      R. Oldenbourg.

[8]   Merz, L. u. Jaschek, H.: Grundkurs der Regelungstechnik. Mün-
      chen, Wien 1996^{13}: R. Oldenbourg.

[9]   Siemens AG: Bauelemente. Technische Erläuterungen und Kenn-
      daten für Studierende. München 1984^4.

[10] Texas Instruments Deutschland GmbH: Pocket Guide Band 1 Aus-
      gabe 1989. Freising 1989.

[11] Tietze, U. u. Schenk, Chr.: Halbleiter Schaltungstechnik. Berlin,
      Heidelberg, New York 1974^3: Springer.

[12] Tietze, U. u. Schenk, Chr.: Halbleiter Schaltungstechnik. Berlin,
      Heidelberg, New York 1980^5: Springer.

Sachregister